本书由国家自然科学基金面上项目"基于构件法建筑设计的装配式建筑建造与再利用碳排放定量方法研究"（基金号：51778119）资助出版

工业化装配式住宅

张　宏　刘长春　王海宁　罗佳宁　丛　勐
姚　刚　刘　聪　张睿哲　戴海雁　张军军　著

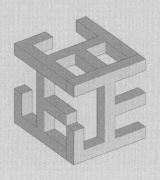

中国建筑工业出版社

图书在版编目（CIP）数据

工业化装配式住宅／张宏等著. —北京：中国建
筑工业出版社，2019.12
ISBN 978-7-112-24315-0

Ⅰ.①工… Ⅱ.①张… Ⅲ.①装配式单元—住宅—建
筑设计②装配式单元—住宅—工程施工 Ⅳ.①TU241
②TU745.5

中国版本图书馆CIP数据核字（2019）第216656号

责任编辑：刘　丹
版式设计：锋尚设计
责任校对：芦欣甜

工业化装配式住宅

张　宏　刘长春　王海宁　罗佳宁　丛　勐
　　　　　　　　　　　　　　　　　　　　著
姚　刚　刘　聪　张睿哲　戴海雁　张军军

*

中国建筑工业出版社出版、发行（北京海淀三里河路9号）
各地新华书店、建筑书店经销
北京锋尚制版有限公司制版
北京中科印刷有限公司印刷

*

开本：850毫米×1168毫米　1/16　印张：13½　字数：314千字
2021年12月第一版　　2021年12月第一次印刷
定价：68.00元
ISBN 978-7-112-24315-0
（34814）

迈入"十四五"以来，国家把深入推进建筑工业化、装配式建筑、建筑和城市节能减排、大力发展绿色建筑、实施低碳型城乡建设、提升低碳或绿色生态城区建设水平列为政府和建筑行业重点工作，这体现了中国的建筑业正面临着由粗放型向精益化和可持续发展的重大转变。新型建筑工业化是推进绿色建筑发展的重要抓手，对促进建筑行业转型升级起到了重要作用。因此，加强新型建筑工业化建筑设计与建造理论研究，大力推进建筑科技创新，成为了行业发展的重要任务。

张宏教授带领团队潜心钻研建筑工业化设计和建造技术研发与应用17年，参加了多项建筑工业化和装配式建筑设计建造方向的国家级和省部级科研项目，同时致力于教学和新型建筑学人才培养，并取得了丰硕的成果。

《工业化装配式住宅》一书的出版，旨在回应"十四五"建设科技对新一代低碳智慧产能建筑研究和应用的重大需求。基于东南大学新型建筑工业化建筑设计与建造理论的技术研发成果，张宏教授及其团队在装配式住宅设计、建造和运维方向，结合该团队工程实践案例和国内外多个工程案例分析研究，开展了新一轮关于新型低碳装配式住宅的智能化建造与设计理论研究和实践，并将相关研究成果与实践总结编写成书。本书的出版不仅能够补充新型建筑工业化和装配式住宅建造与设计、建筑性能控制与设计方面的知识，还对工业化装配式建筑设计人才的培养工作有积极的推动作用，而且为行业的高质量发展带来有意义的思考和促进。

程建民

中国工程院院士
全国工程勘察设计大师

　　住宅建设不仅量大面广，也涉及社会经济等诸多领域，而且与国家和谐稳定与人民幸福安居生活息息相关。我国作为世界上既有建筑和每年新建建筑量最大的国家，住宅过度开发、一味追求高速批量建设低质量问题，已经严重制约了我国建设领域的可持续发展。与此同时，我国建筑业的建设活动与自然界之间的矛盾日趋加重，所产生的高能耗与高污染正在打破人与自然和谐共生的平衡关系。当前在我国建设领域产业低碳转型、实现高质量发展的新阶段，实现住宅建筑生产建造方式转型发展迫在眉睫、新型建筑工业化与装配式住宅建筑技术升级与创新是当前面临的重中之重的课题。

　　张宏教授长期聚焦新型建筑工业化与装配式住宅建筑技术领域攻关与实践，主持国家"十一五"和"十二五"科技支撑计划课题、国家自然科学基金面上项目等重大科研项目；获得发明专利11项，实用新型专利17项，软件著作权7项；主编或参编国家和行业标准12项，出版学术著作13部，在国内外核心刊物上发表论文90余篇；在装配式建筑设计理论与方法、工业化装配式住宅建筑正向设计、建筑和城市信息模型（BIM-CIM）技术等方向具有很高的学术造诣，其科研成果获得了国家和行业的诸多奖励。

　　张宏教授及其团队将要出版的《工业化装配式住宅》著作，立足于建筑工业化技术和工业化建筑产品两个层面开展的工业化装配式住宅前沿性研究实践，在工业化技术层面上，分析研究了装配式建造技术、性能优化技术和信息化管理的技术成果和案例研究；在工业化产品层面上，分析研究了装配式钢筋混凝土结构体系工业化装配式住宅、装配式钢结构体系工业化装配式住宅、木结构体系工业化装配式住宅和BIM工业化装配式住宅信息化技术成果和研发应用。本书既是张宏教授及其团队致力于新型建筑工业化技术成果的结晶，也是长期探索装配式住宅创新实践的总结，既具有很高的学术价值和实践应用价值，也相信本书出版会对我国建筑产业现代化化进程中，新型建筑工业化与装配式住宅建筑设计、建造技术的创新思考和人才培养方面提供有益参考，并产生积极作用。

中国建筑标准设计研究院有限公司总建筑师

2021年12月

钢筋混凝土结构体系工业化装配式住宅

钢结构体系工业化装配式住宅

5 木结构体系工业化装配式住宅

6 工业化装配式住宅信息化技术及应用

工业化装配式住宅室内和环境设计

工业化装配式住宅的使用、维修技术及其应用

1

工业化装配式
住宅概述及分类

装配式住宅的概念、类型及技术特点

一、装配式住宅的工业化

建筑工业化是随西方工业革命出现的概念，工业革命让造船、汽车生产效率大幅提升，随着欧洲兴起的新建筑运动，实行工厂预制、现场机械装配，逐步形成了建筑工业化最初的理论雏形。时至今日，建筑业已经成为我国的支柱型产业，建筑工业化的生产方式是我国未来建筑业发展的重中之重，装配式建筑已经成为实现建筑工业化的主要方式，是建筑业节能减排、结构优化、产业升级和进行重大产业创新的有效途径。

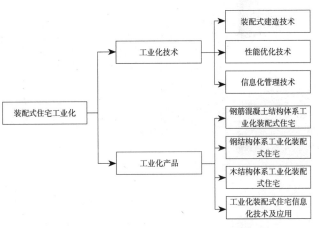

图1-1 装配式住宅工业化

住宅是目前国内建设量最大的建筑类型，因此装配式住宅的建筑工业化至关重要。本书从工业化技术和工业化产品两个层面展开，介绍目前了工业化装配式住宅的研究、实践和应用情况。在技术层面上，重点阐述了装配式建造技术、性能优化技术和信息化管理技术；在工业化产品层面上，重点阐述了装配式钢筋混凝土结构体系工业化装配式住宅、装配式钢筋钢结构体系工业化装配式住宅、木结构体系工业化装配式住宅和BIM工业化装配式住宅信息化技术及应用（图1-1）。

二、装配式住宅的概念

1. 什么叫"装配式住宅"

装配式住宅是指采用装配式建筑设计手段，以工厂化生产方式生产出住宅的部分或全部构配件，运输至住宅项目现场，通过可靠的连接方式进行装配而建成的住宅建筑。装配式住宅具有模块化设计、工厂化生产、装配式施工、一体化装修、信息化管理等特征，构件、配件的预制方式和现场装配方式的使用是其核心内容，通常被称为"拼装房"（图1-2）。

装配式住宅是现代工业技术发展的产物，是实现住宅工业化和住宅产业化的关键，是住宅工业化的最终产品形式。其把传统住宅现场施工和建造的方式改变为"生产"的方式，具有施工过程受气候影响小、施工现场污染少、工期短、住宅产品质量好、节约劳动力、成本低等特点。

图1-2　德国装配式住宅

2. 正确认识装配式住宅

按照目前国内对装配式建筑的分类，装配式住宅主要分为钢筋混凝土结构住宅、木结构住宅、钢结构住宅三类。本书所指的装配式住宅是预制装配效率更高、构件连接体现装配式特点、居住更为健康舒适、低碳环保、维护改造更为方便、体现地方特色和人文精神，并且在设计、生产、施工、运维、拆除再利用过程中体现建筑全生命周期信息化、智慧化的新型装配式住宅。

1）对预制装配率的认识

装配式住宅较普通住宅在建筑性能和舒适性上有较大幅度的提升，更主要的区别在于其采用预制构件和装配方式进行住宅的建造。随着住宅设计和建造技术的发展，即使是在普通的住宅建造中也会用到一些预制构件和装配方式。只有使用预制和采用装配方式的构件比例（即预制装配率）达到35%，这类住宅才被认为是装配式住宅。

"预制装配率"是个复合的概念，包含了"预制率"和"装配率"两个概念。在现有国家和地方标准中，"预制率"主要针对装配式混凝土结构体系建筑而言，而"装配率"则适用于不同结构体系的装配式建筑。以装配式混凝土结构体系住宅为例，"预制率"是指住宅室外地坪以上的预制构件混凝土占比建筑全部构件的混凝土体积之比；"装配率"是指住宅室外地坪以上的主体结构、围护墙和内隔墙、装修和设备管线等采用预制部品部件的综合比例[①]。而对于钢结构体系、木结

---

① 中华人民共和国住房和城乡建设部. 装配式建筑评价标准：GB/T 51129—2017 [S]. 北京：中国建筑工业出版社，2018.

构体系装配式住宅来说，评价其产业化技术应用水平的指标依据是"装配率"。例如，梁柱结构体系木结构装配式住宅的梁、柱等结构承重构件都是在工厂生产运至现场进行装配，而其他部分的构件（如隔墙构件）不管是在后场加工还是在现场加工，只要采用装配式方式，都可计入"装配率"。

全国各地在发展装配式住宅的过程中，对"预制装配率"的计算存在着差异。例如，上海市计算地面以上部分，而湖南省计算标准层部分。从我国各地政府对建筑产业发展的规划和要求来看，住宅工业化水平应在短期内有较大幅度的提高，装配式住宅的预制装配率逐步调整，最终还要根据每一个具体项目的特点确定最经济、最科学的预制装配比例。

2）装配式住宅包括结构体、外围护体、内装修体、管线设备体4个部分的装配

装配式住宅的技术发展目标不能局限在某一个部分，否则不仅会限制住宅产业链整体现代化水平的提高，还会影响装配式住宅整体性能和质量的提高。现阶段的装配式住宅不仅是设计、生产、施工、运维、拆除再利用全过程的装配式，还应该是结构体、外围护体、内装修体、管线设备体全方位的装配式。例如，如果在钢管束结构体系住宅中，只有钢结构体系和隔墙是采用装配式方式，而室内装修部分未纳入装配式设计和施工的范围，这种装配式住宅只能算是低标准的。在装配式住宅的装配程度上，以北美木屋为代表的木结构体系装配式住宅有其他结构体系住宅不可比拟的优势，其在结构、内装、外装三个部分均实现了非常高的装配率。

当然，根据结构体系的不同，并非装配式住宅的所有部分都是构件装配成的。例如，对于装配式混凝土结构体系住宅来说，其结构承重部分并非必须全部是预制构件装配而成，通过提高室内装修和围护体的装配比例，使得其预制装配率达到标准，一样可以成为高标准、高水平的装配式住宅。

3. 装配构件——基于构件法的装配式住宅

装配式住宅的装配构件包括结构构件系统、外围护构件系统、内分隔构件系统、室内装修构件系统、管线构件系统等。本书介绍的装配式住宅以构件法为核心，是在传统装配式住宅基础上的优化和提高，与传统装配式住宅的区别具体表现在构件装配手段、装配工具和构件装配连接节点上。

1）手段上——全过程的装配式

20世纪末前后，我国不少企业开始引进装配式住宅先进的技术和手段，开始注重从设计、构件生产、施工到管理全过程的装配式，尤其是建筑信息模型（BIM）技术的使用，使得装配式住宅的全过程信息共享，大大提高了装配式住宅的生产效率和产品质量。

2）工具上——构件成型与定位[①]

因结构体系的区别，装配式住宅的构件有预制混凝土（PC）构件、钢构件、木构件等。这些构件的成型方法因相应结构体系技术的发展而产生了很大的变化。

混凝土构件的成型有现浇成型和预制成型两种。在预制混凝土（PC）构件的生产过程中，模具的摊销费用约占5%~7%，模具是关系到构件成型质量和工业化建造成败的关键因素。在经过制

---

① 张宏，朱宏宇，吴京，等. 构件成型·定位·连接与空间和形式生成——新型建筑工业化设计与建造示例 [M]. 南京：东南大学出版社，2016：16.

备、组装、清理并涂刷过隔离剂的模板内安装钢筋和预埋件后，即可进行构件的成型。钢构件和木构件的构件成型方法与PC构件则完全不同，例如：钢构件是按照图纸对钢材进行放样、切割、焊接、制孔等工序进行成型，而木构件成型则需要对原木进行烘干、防腐、按规格加工等工序。

装配式住宅的构件定位技术可分为物理定位技术与电子定位技术两种。物理定位技术是指传统建筑施工中采用手工定位测量或采用测距仪、准直仪、经纬仪等进行仪器定位测量的方法。电子定位技术是基于BIM技术平台，结合无线射频技术、全球定位技术等现代通信技术，对装配式住宅的构件进行全生命周期管理，对构件实时定位、追踪和监控，及时获取构件基本状态、使用情况、位置方位等信息，并进行信息处理。物理定位技术与电子定位技术两者之间在生产性辅助定位阶段、物流定位和现场定位3个阶段有交叉联系，不是非此即彼的关系。

3）连接上——构配件连接节点的创新

构配件连接技术是体现装配式住宅水平的重要依据，因此成为装配式住宅研究的重要内容之一。现有的各种结构体系装配式住宅的构件连接方式多样，有些连接技术较为成熟，例如PC结构体系的浆锚连接、套筒连接，木结构体系的榫卯连接等。但是现代装配式住宅连接技术还在不断地创新发展中，例如，采用金属连接构件的现代榫卯可以更便捷地进行木构件的装配。装配式住宅构配件连接节点的创新以做到如下几点为原则：①要保证连接部位在性能上满足规范要求，在结构上安全；②要便于构件的装配和拆解；③节点构件的形式不宜过多；④在成本上要节约。

三、装配式住宅的类型及技术特点

装配式住宅可以按照层数分为低层住宅、多层住宅、中高层住宅、高层住宅等类型，而钢筋混凝土结构体系、钢结构体系、木结构体系是装配式住宅的3种主要结构体系。根据低层、多层、中高层、高层住宅在结构、建造、住宅性能和造价等方面的不同要求，选用合适的结构体系（表1-1）。各类装配式住宅优先选用的结构形式既要考虑节能环保，又要考虑安全性和耐久性。

装配式住宅的类型 表1-1

名称	分类依据	适宜的结构体系类型
低层住宅	1~3层	木结构体系（优选）、轻钢龙骨结构体系
多层住宅	4~6层	钢筋混凝土结构体系、型钢与轻钢龙骨结合结构体系
中高层住宅	7~9层	钢筋混凝土结构体系（优选）、钢结构体系、CLT木结构体系[1]
高层住宅	高于27m的住宅[2]	钢筋混凝土结构体系（优选）、钢结构体系、CLT木结构体系

注：1 CLT木结构体系是指采用正交胶合木（Cross-Laminated Timber）作为结构承重构件的一种重型木结构建筑体系，使用CLT可以建造中、高层的木结构体系装配式住宅（详见第五章第一节）。
2《建筑设计防火规范》GB 50016—2014（2018年版）第2.1.1条对"高层建筑"的定义为：建筑高度大于27m的住宅建筑和建筑高度大于24m的非单层厂房、仓库和其他民用建筑。

由于住宅建筑的形式、结构性能和建造工艺等方面具有复杂性，一栋装配式住宅很少由单一材料的构件装配而成，在结构上也经常采用混凝土、钢、木混合的住宅结构体系。因此，钢筋混凝土结构体系、钢结构体系、木结构体系在实际应用中被细化为多种结构体系类型，在建设项目中应根据场地、建筑单体的技术需求、造价、业主要求等条件选择合适的装配式住宅类型（表1-2）。

装配式住宅不同结构体系类型的技术特点 表1-2

体系名称	类型		特点
钢筋混凝土结构体系装配式住宅	现场浇筑混凝土结构体系		避免结构构件连接的技术难点，用户认可度高
	预制装配混凝土结构体系	预制装配式框架体系	空间灵活、施工方便
		预制装配式预应力板柱体系	施工难度较大，空间受到一些限制
		预制装配式框架-剪力墙体系	采用叠合现浇工艺，满足高层建筑的结构需求
钢结构体系装配式住宅	轻钢龙骨结构体系		适用于低层住宅，造价较低
	型钢与轻钢龙骨结合结构体系		适用于多层住宅，单位面积用钢量较大
	钢筋混凝土与轻钢龙骨结合结构体系		适用于中、高层住宅，钢筋混凝土作结构构件，轻钢龙骨与板材结合作空间分隔构件
木结构体系装配式住宅	轻型木结构体系	连续墙骨木框架结构体系	现场加工方式为主
		平台框架式结构体系	楼盖和墙体相对独立，适合预制装配
	重型木结构体系	梁柱结构体系	梁柱裸露，木结构特征明显，造价较高，防火性能较好
		井干式木结构体系	风格特征鲜明，用原木大料，造价较高
		CLT重型木结构体系	适用于中、高层住宅

1. 钢筋混凝土结构体系装配式住宅

钢筋混凝土结构体系装配式住宅的梁、柱或墙等结构部分可以用钢筋混凝土在现场浇筑而成，也可以用预制的钢筋混凝土构件运至施工现场装配而成。前者被归在装配式住宅的范畴（例如东南大学工业化住宅与建筑工业研究所研发的高层钢筋混凝土房屋系统），通过提高楼板、墙体、室内装修等部分的装配率来保证其装配式住宅的属性，其采用装配式模板的部分计算部分预制率；后者采用预制混凝土构件（例如SI体系住宅），所有预制的部分全部纳入预制率的计算。

预制混凝土的英文为Precast Concrete，预制混凝土结构体系一般被简称为PC结构体系。对于采用新技术的预制混凝土结构体系，也可称为NPC（New Precast Concrete）。为了和预应力混凝土（Prestressed Concrete）区别开来，有时也称预制混凝土结构体系为PCa结构体系[①]。

2. 钢结构体系装配式住宅

钢结构体系装配式住宅以钢结构构件来承重，构件在工厂生产完成，尺寸误差小、产品质量好，比预制混凝土构件运输方便、重量轻，且结构构件的回收利用率高，是装配式住宅的主要形式之一。钢结构体系装配式住宅的结构形式主要包括如下几种类型：轻钢龙骨结构体系、型钢与轻钢龙骨结合结构体系、钢筋混凝土与轻钢龙骨结合结构体系等。

---

① 张博为. 基于PCa装配式技术的保障房标准设计研究——以北方地区为例 [D]. 大连：大连理工大学，2013：4-5.

已有的钢结构体系装配式住宅主要应用于低层住宅，多层住宅其次，高层钢结构体系装配式住宅较为少见。低层钢结构体系装配式住宅主要是采用纯轻钢龙骨结构、型钢与轻钢龙骨结合结构；多层钢结构体系装配式住宅主要采用纯钢框架结构、钢框架–支撑等结构体系；高层钢结构体系装配式住宅主要采用钢框架–支撑、钢框架–剪力墙结构、钢框架–核心筒等结构体系。

在高层钢结构体系装配式住宅的研发和应用上，浙江某钢结构企业拥有知识产权的钢管束组合住宅体系除了具有其他装配式住宅体系在建设周期、节能环保上的优势，其特殊的结构形式带来的大空间使得住宅在长寿命使用过程中具有很大的优势。

3．木结构体系装配式住宅

木结构体系装配式住宅以木材作为梁、柱、墙等建筑组成部分的材料，木材是可再生资源，不仅具有加工速度快、施工周期短的优点，在材料性能上还具有保温节能效果好、居住舒适性好等优点，在人的感官上比混凝土、钢材、石材等建筑材料更有亲切感。由于木结构构件的连接方式大多属于柔性连接，材料自身能吸收和调节地震中的震动，因此木结构体系装配式住宅比其他结构体系的装配式住宅具有更好的抗震性能。

木结构体系装配式住宅主要用于建造低层的住宅。根据所用木材规格和结构形式的区别，可以把当代木结构体系装配式住宅分为轻型木结构和重型木结构两大类，其中后者又可分为梁柱结构和原木结构体系。

轻型木结构体系的结构骨架、墙、板等组成部分由断面较小的规格材装配连接而成，用材节约，造价较低，是当前木结构体系住宅的主要形式。梁柱结构体系木结构住宅采用大型的木材作为梁、柱等承重构件，造价偏高，适用于体量较大的住宅。原木结构体系木结构住宅采用原木叠加连接作为墙体承重构件，形象特征鲜明，但是在风格和工艺上具有一定的局限性，造价也较高。

轻型木结构住宅按照结构形式分为连续墙骨木框架结构体系和平台框架式结构体系两种，其中后者的楼盖和墙体相对独立，可分开建造，更适合后场预制和现场装配的模式，因此成为当前轻型木结构住宅的主流结构形式[①]。

总体来看，木结构体系装配式住宅在材料性能、结构性能和物理性能上有不少优点，但是，其缺陷也较为明显。例如，由于技术条件的限制，在国内大多用于3层（带阁楼）以下的低层住宅，森林资源的开发使用上不够科学合理，我国的木材资源相对匮乏，导致木结构体系装配式住宅的造价高于钢筋混凝土结构体系和钢结构体系住宅。这些缺陷在一定程度上限制了木结构体系装配式住宅的应用推广。

上述钢筋混凝土结构体系、钢结构体系、木结构体系等不同类型的装配式住宅往往有其自身的局限性，在工程应用中，通过两种以上结构的结合，往往能改善住宅的结构性能，这就是所谓的混合结构体系装配式住宅。例如，钢框架结构体系住宅具有建筑空间布置灵活、易于标准化设计和生产等优点，但是，也存在着抗侧刚度小等缺点，影响其在高层和超高层住宅中的使用。通过与混凝土材料的结合，研发出钢框架–钢筋混凝土剪力墙（核心筒）体系，就可以很好地解决抗侧刚度小的问题，以满足工程建设的需要。

---

① 刘长春，孙媛媛. 轻型木结构工业化住宅内装模块化研究及应用 [J]. 施工技术，2016，45（4）：35-38.

装配式住宅的发展概况

一、装配式住宅的发展历史概述

1. 国外装配式住宅的起源与发展概况

　　装配式住宅起源于欧洲，这种状况产生的原因既有技术的因素，又有历史方面的因素。19世纪，英国的产业革命使得建筑构件的工厂化生产在技术上成为可能，德意志制造联盟和包豪斯的设计思想促进了工业化建筑的发展。第一次世界大战以后，城市住宅的大量需求使得低造价的工厂预制住宅得到初步的发展。第二次世界大战摧毁了很多城市，战后重建需要快速建造大量的住宅，推动了欧洲国家装配式住宅水平的提高，形成了一批较为成熟的装配式住宅体系。

　　接着，装配式住宅体系在北美、澳大利亚、日本、新加坡等经济较为发达的国家和地区也得到很好的发展。随着住宅科技水平的进一步提高，装配式住宅的质量和居住舒适度得到进一步的提高，再加上其在能源与环境保护方面的优势，装配式住宅已经成为最受重视的住宅形式。

　　目前，世界各国中装配式住宅发展较为典型的地区和国家有北美、瑞典、德国、日本、澳大利亚等。北美的住宅产品市场发展成熟，产品的工厂化生产、商品化程度高，其木结构住宅享有盛誉，轻钢结构体系住宅也有与木结构体系相当的发展水平。瑞典的住宅工业发达，住宅通用体系得到广泛的应用，住宅部件的通用率高。德国是当代住宅技术发展的代表，装配式被动房的发明和高水平应用体现出其在住宅建造、建筑材料、建筑节能等方面的科技水平。日本是亚洲装配式住宅水平最高的国家，20世纪60年代荷兰的开放建筑理论传入日本以后得到大力的推广和发展，被称为SI体系（或KSI体系），其与后来的预制混凝土结构体系一样，是日本装配式住宅发展的缩影。澳大利亚的装配式住宅在20世纪80年代得到快速发展，轻钢结构住宅体系是其主要形式，预制混凝土结构体系也有相当高的水平，被我国相关企业引进到国内。

2. 我国装配式住宅的发展概况

　　我国在20世纪50年代借鉴苏联的经验，学习使用预制的建筑构件来建造住宅。20世纪70年代提出装配式的概念，一直到80年代中期，预制混凝土构件装配式建筑得到了大力推广。这一时期的预制混凝土装配式住宅主要是大板建筑、大模板建筑等类型，预制装配构件集中在空间分隔系统，典型的预制装配构件有预制框架梁柱、混凝土大板构件、预制圆孔楼板等，构件产品精度低、产品质量差，住宅的保温性能和舒适性较差，没有得到住户的肯定。

　　20世纪80年代中后期，商品混凝土在住宅建造中推广使用，现浇混凝土结构体系逐步取代了早期的装配式住宅体系，装配式住宅的研发和应用基本处于停滞状态。究其原因，一是当时的预制装配式住宅的质量差，无法令人满意；二是作为新兴产品的商品混凝土在住宅建造上具有建造成本低、施工质量好的优势，且与传统混凝土相比使用方便；三是我国的各类规范是基于现浇混凝土的，现浇混凝土的结构性能优势明显，抗震好，与早期装配式建筑相比有明显的优势。

到20世纪90年代，由于全球自然环境的恶化，建筑业的建造方式对自然环境恶化的重要影响逐步受到我国政府的高度重视。另外，随着人工成本上升，传统施工方式的建筑在建造成本上的劣势越发明显。在此背景下，随着我国一批有关装配式住宅的政策出台，到20世纪90年代末期，住宅产业化概念正式提出，一批建筑企业开始进行装配式住宅的研发和推广。和之前的装配式住宅相比，其在结构体系上注重借鉴国际先进的经验，并且在研究结构体系的同时，关注室内装修与住宅建筑的一体化，进行住宅全装修标准和工法的制定，这种改变是装配式住宅被用户接受、走向市场的关键。

2010年开始，我国政府和相关主管部门为推动装配式住宅的发展做了比以往更多的努力。2010年9月，我国开始编制《装配式住宅建筑设计规程》，此行业标准的编制为装配式住宅的发展提供了科学的方法和依据，对装配式住宅的发展方向具有指导作用。2013年发布的《绿色建筑行动方案》（国办发〔2013〕1号）要求"推广适合工业化生产的预制装配式混凝土、钢结构等建筑体系，加快发展建设工程的预制和装配技术，提高建筑工业化技术集成水平"。与上述政策相配套，2014年4月，行业标准《装配式混凝土结构技术规程》JGJ 1—2014颁布；2014年3月1日新版国家标准《建筑模数协调标准》GB/T 50002—2013开始实施；2015年《工业化建筑评价标准》GB/T 51129—2015发布，对工业化建筑从设计、建造到管理等方面作了明确的标准要求。

2015年12月20～21日，中央城市工作会议时隔37年后再次召开，会议提出要转变城市发展方式。2016年2月6日，《中共中央 国务院关于进一步加强城市规划建设管理工作的若干意见》发布，提出我国要用10年左右时间，使装配式建筑占新建建筑的比例达到30%。2016年9月14日，国务院常务会议要求大力发展钢结构、混凝土等装配式建筑，并于同年9月27日发布《国务院办公厅关于大力发展装配式建筑的指导意见》（国办发〔2016〕71号）。上述一系列措施对于装配式住宅的发展具有重要意义，使得装配式住宅理论和应用研究得到空前重视，装配式住宅在建筑市场上得到快速推广。

二、装配式住宅的发展现状与趋势

1. 装配式住宅的发展现状

目前，我国装配式住宅的发展是历史上最好的时期，各地新建住宅中装配式住宅至少占30%，部分地区甚至要求新建住宅100%为装配式住宅。在此形势下，不管是设计企业、建材生产企业、施工企业还是建筑总承包企业，从传统住宅向装配式住宅转型都是当前的首要任务。

建筑设计企业的装配式住宅设计任务大幅增长，很多设计院成立了装配式建筑设计部门或设计小组，建筑师的工作从传统住宅建筑设计转向装配式住宅设计。建筑材料和建筑部品部件生产企业的产品以模块化和适应装配式为目标。建筑施工企业的业务中，装配式住宅逐步成为主体，传统住宅的施工方式、施工设备逐步被淘汰，施工工人的技能也和传统的施工有所不同。

由于木结构和钢结构的局限性，钢筋混凝土结构体系是目前装配式住宅的主体。最近几年，各地建设了多条预制混凝土结构体系构配件生产线，与之配套的内装部品部件发展也较为成熟，例如长沙某装配式建筑企业的预制混凝土结构体系全装修住宅在结构体系、内装和外装体系都取得了较好的应用成果，在市场推广上也较为成功。但是由于建造成本居高不下，以及预制混凝土构配件运输成本的限制，预制混凝土构件生产企业的产品很难走向市场，大部分构件产品只能在建筑总承包企业内部消化，因此，总体来看，预制混凝土结构体系装配式住宅的发展遇到了瓶颈。

2. 装配式住宅的发展趋势概述

我国装配式住宅的发展趋势可以概括为健康性、人文性、低碳性、信息化、可改造性等。

1）以安全、健康的住宅为目标

住宅建筑发展到今天，坚固、实用、美观仍然是基本的要求。装配方式的优点是毋庸置疑的，但是，人们对其在构件连接，尤其是结构构件连接安全性上的担忧也不容忽视，装配式住宅首先应该是坚固、安全的住宅。

在社会物质文化水平极大提高的今天，住宅基本的居住功能早已无法满足人们的需求。消除或降低居住环境中的健康风险因素，有效提高生活质量和国民健康水平，降低疾病治疗的直接投入，延长国民寿命已经成为共识[①]。装配式住宅是我国今后的发展方向，同时，装配式住宅的发展应该以健康住宅为目标，既要关注居住者生理上的健康，又要关注居住者心理上的健康。

健康住宅在我国已经有一定的发展基础，早期的健康住宅研究在理论上把健康住宅的技术体系分为居住环境的健康和社会环境的健康，或者是室外环境和室内环境。这一阶段的健康住宅技术体系较为宏观和抽象，以住宅设计者和住宅建造者为主导，但是实施难度大。

经过近20年的持续研究，现阶段对健康住宅的关注点从设计者和建造者主导转向了居住者健康体验为主导，2017年发布的《健康住宅评价标准》提出在湿热适宜、空气洁净、用水安全、环境安静、光照良好、空间舒适、健康促进这7个方面进行二级指标的评价。这些指标都涉及居住者实实在在的体验，居住者接受度高、可操作性强，非常便于健康住宅的认证，其推广实施可以使住宅购买者更直观地评价住宅产品，从而促进装配式住宅质量的提高。

2）住宅的人文性受到重视

在功能性需求得到满足的基础上，装配式住宅应更多关注居住者的人文性需求。我国城市大发展过程中的"千城一面"现象受到广泛的批评，农村地区住宅风格也存在着趋同的问题。

我国地域广阔，各地区的自然条件和文化差异较大，在历史发展过程中形成了地域文化特征。近几十年，全国各地的新建城市住宅和农村住宅没有识别性，到处是同一种模式和风格的住宅。这样的住宅建造简单快捷，住宅使用空间与功能模式单一，造价较低，但是住宅的地域文化特征几乎丢失殆尽，居民居住其中很难找到归宿感和文化认同感。这种现状得到了社会各界的关注并有所改变，例如，浙江省在落实"建设美丽乡村"政策过程中，以浙江富阳文村作为试点，邀请知名建筑师进行乡村和民居改造，通过当地建材、施工工艺的使用，以及当地传统建筑风格的继承，进行了建筑文化的传承，取得了很好的效果。在国家大力发展装配式住宅的今天，在发挥现代住宅建造技术优势的同时，也应加强住宅对传统地域文化的传承，关注居民的文化认同性。

人的理想居住建筑是低层的独立住宅，传统住宅充分体现出人文性特征。和传统住宅相比，

---

① 仲继寿，李新军，胡文硕，等. 基于居住者体验的《健康住宅评价标准》[J]. 住区，2016（6）：14-21.

现代多层和高层住宅户内缺少庭院空间，没有种植的场地，缺少住户间共享交流的空间。在将来的多层、高层装配式住宅中引入垂直绿化和空中庭院，将是具有人文意义的发展方向。

3）以绿色、低碳性住宅为目标

从现有的装配式住宅项目来看，其在全生命周期节能环保。从装配式住宅的发展趋势来看，进一步完善其在设计、生产、建造、维护和管理、拆除等全生命周期的技术，使得其全生命周期的碳排放量进一步减少，达到既提高居住舒适性，又减少住宅建造和使用行为对自然环境的破坏的目的。需要特别说明的是，在材料的使用上，选用可再生的木材、竹材做装配式住宅的构件是减少碳排放量的有效手段。

4）可改造性

现代装配式住宅具有长寿命的特点，在住宅构件生产和装配质量有保障的前提下，决定住宅使用寿命的关键是住宅的空间和功能能否满足用户的个性化需求。因此，装配式住宅另外一个发展趋势，是在住宅结构体系上做到大开间、大进深、大柱网，以能够根据用户的需要进行内部空间和功能区的划分。同时，在装配构件的设计上，做到标准化、模块化和通用化，构件拆卸和安装方便，使得住宅空间改造方便。

5）住宅产业信息化和智能化

装配式住宅和信息技术的一体化应用是未来的发展趋势。由于我国的装配式建筑发展起步较晚，且在20世纪80年代后期以后有30年的断层，导致目前的装配式住宅信息化技术与国际先进水平有非常大的差距。未来，我国装配式住宅将通过建筑信息模型（BIM）关联装配式住宅项目的设计、生产、建造、维护管理等全生命周期的相关信息，构建BIM平台，共享有关数据信息，使得上述全过程的相关各方协同工作，从而达到提高工作效率、节约成本的目的。

我国装配式住宅的发展要做到健康性、人文性、低碳性、信息化、可改造性等目标。高层住宅虽然节约了土地，但是其在运营维护成本、居住舒适性、安全性、可改造性等方面的缺点颇为明显。应该摒弃过去强调高层住宅的发展方向，改为低层、多层、中高层和高层住宅合理匹配发展。

另外，非常重要的是，绿色、低碳和可改造性应该作为未来装配式住宅发展的优选目标。可改造性的前提是住宅建筑的产权界面切割清楚，户与户之间尽量避免共用构件和构件组。因此，低层住宅，尤其是独立式住宅在可改造性上具有明显的优势。可改造性差的住宅使用寿命短，与建设低碳社会的目标相违背。

3. 几种典型结构体系装配式住宅的现状和发展趋势

具体到不同结构体系的装配式住宅，从环境性能角度考虑，混凝土结构体系装配式住宅的碳排放量最大，钢结构体系装配式住宅次之，木结构体系装配式住宅的碳排放量最小。因此，我国今后混凝土结构体系装配式住宅的占比将逐步减少，钢结构体系和木结构体系装配式住宅的比例将有所提高，其中近、中期主要发展混合结构体系和钢结构体系，远期同步发展木结构体系住宅。

装配式住宅的发展目标是社会的可持续发展，这需要从经济、环境、人文等方面进行考虑。钢筋混凝土结构体系、钢结构体系、木结构体系等几种装配式住宅类型在上述经济、环境、人文方面各有其优势和劣势，这也决定了这3种类型结构体系的发展前景和趋势（表1-3）。

体系名称	优势和劣势分析				现状	发展趋势
	经济方面	环境方面	人文方面	技术方面		
钢筋混凝土结构体系装配式住宅	建造和运输成本高，PC构件工厂服务半径小	构件生产破坏自然环境，循环使用率低	材料的自然属性弱，为非传统材料	技术相对成熟，应用经验较为丰富	最主要的类型，应用于低层、多层、高层住宅	占有比例逐步减少，尤其是高层住宅将被钢结构体系等取代
钢结构体系装配式住宅	构配件生产成本高，运输成本和结构成本较低	构件生产破坏自然环境，循环使用率高	材料的自然属性弱，为现代材料，有科技感	轻钢结构体系技术成熟；重型钢结构体系技术上有突破，不太成熟	轻钢结构体系应用较多（低层），重型钢结构体系正在推广（中、高层）	在高层装配式住宅中的应用比例将超过钢筋混凝土结构体系
木结构体系装配式住宅	材料主要靠进口，建造成本较高	为可再生资源，科学砍伐对自然环境无破坏	为传统建筑材料，是感官上最为亲切的建筑材料	低层住宅技术成熟，加拿大胶合板木结构住宅可做到18层	应用于3层（带阁楼）以下的低层住宅	应用量逐步加大，从低层向高层住宅拓展

工业化装配式
住宅建筑设计方法

装配式建筑设计是装配式住宅全生命周期中的前端，是保证后续流程顺利进行的前提，也是实现建筑全生命周期信息化和智慧化的保证。不同于传统的建筑设计，其在设计观念、设计模式以及设计方法上需要进行改变。设计应基于装配式住宅的4个部分：结构体、外围护体、内装修体和管线设备体进行全方位的装配式设计。①进行装配式住宅设计要确立建筑构件的概念，明确构件是构成建筑的最基本元素，设计过程要围绕建筑构件展开。②装配式住宅设计强调面向建筑的全生命周期，在设计前期阶段就针对工厂生产制造、转运、现场装配、运营维护、更新改建等过程展开并行、一体化设计。③装配式住宅设计基于"标准化设计"原则，在构件拆分与组合、结构体系、空间平面布局等众多方面都提出了全新要求，与传统住宅设计有着显著区别。④装配式住宅设计立足于协同设计模式，强调在BIM信息技术基础上，实现建筑、材料、制造、装配、结构、设备、装修等各专业及建设参与方在建设过程的各阶段协同设计配合。

第一节
装配式住宅的构件系统

一、建筑构件的基本概念及作用

构件是构成建筑的基本元素。装配式建筑是由具有各种功能属性、尺度、层级的建筑构件建造装配而成的，建立明确清晰的构件系统是进行装配式建筑设计的基础。

在装配式建筑建设中，传统观念上的"施工"已转变为"建造"。传统建筑施工工作主要围绕"工地"展开，而在装配式建筑"建造"模式中，"工地"只是"建造"的一个阶段。在"工地"之外，"工厂阶段"首先需要针对建筑构件进行生产制造，然后在"转运阶段"对建筑构件展开物流转运，最终在"现场阶段"完成建筑构件的装配。此外在设计阶段需要对建筑构件进行制造、装配设计，在运营维护阶段还需对建筑构件进行更新维修。由上可见，建筑构件是装配式建筑建造过程的核心对象，装配式建筑全生命周期中各阶段均围绕建筑构件展开工作，"建筑构件"毫无疑问是装配式建筑最重要的基础。

因此，不同于经典建筑学对材料与构造的过多关注，装配式建筑设计遵循的是"基于构件"的基本设计理念。在开展装配式建筑设计工作之初，首先需要厘清构成建筑的建筑构件，面向建筑全生命周期，针对从工厂制造、转运到现场装配等实际建造过程的具体环节，在分析明确建筑构件组合、成型、定位、连接的逻辑关系基础上，建立相应的装配式建筑构件系统，形成清晰的构件分级、分类，确定建筑构件的相关技术属性，展开以建筑构件为核心的建筑设计。

二、装配式建筑构件系统的分类方法

系统是指由一些互相关联、互相作用、互相影响的要素以一定结构形式构成的具有某些功能的整体。层次性是系统的重要特征，任何系统都具有一定的层次结构，若干要素构成一个系统，若干系统又构成更高层级的系统。系统的发展在空间上呈现出金字塔形的结构，简单的系统位于底部，而复杂的系统则处于顶部（图2-1）。在底部与顶部之间有若干系统同其上下相互联系，这些系统相对于低层级来讲它们是系统，相对于高层级而言它们则是要素。顶端的系统可分为若干子系统，每个子系统又可向下层层分解为更低层级的子系统，直到分解为可完成系统功能的基本系统要素。由以上可见，系统的层次性体现了系统目标逐层级的具体化，以及系统要素在系统结构中所处的位置与从属关系。

进行装配式建筑设计首先需要建立装配式建筑构件系统，而装配式建筑是一个复杂的体系，针对众多复杂建筑构件的设计活动贯穿于建筑生命周期始终，需要运用适当的系统分类方法才能厘清建筑构件系统内部的逻辑关系。

对装配式建筑构件进行分类的具体方法是建立构件系统分解结构，其是构件系统内部相互作用与联系的不同装配式建筑构件要素间的配置方式，它是实现建筑整体功能的关键，它决定了构件要素在系统中的位置与作用。建立装配式建筑构件系统分解结构，能够使建筑功能分解到相对独立的构件功能子系统之中，使设计、建造对象由建筑整体转化为具体的独立构件。

建立装配式建筑构件系统结构是将建筑构件的复杂性问题进行结构化、层级化处理，对装配式建筑构件进行系统化分解，将由众多建筑构件组成的建筑体由整体到局部、逐级向下分解为较小的或不可再分的基本构件。这种自上而下的构件系统分类方法是从建筑整体介入，先以最大的分解单位将装配式建筑分解为不同的建筑功能构件系统，然后再将建筑功能构件系统向下逐层分解为构件集合、分类构件集合、构件模块、基本构件等，通过不断增加层级来细化构件分类结构，直至形成便于设计、建造与管理维护的基本构件的方法（图2-2）。因此，装配式住宅的构件系统基于结构体、外围护体、内装修体和管线设备体4个部分，可以看作是由结构构件系统、外

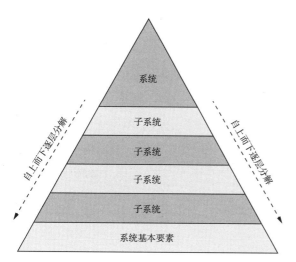

图2-1　系统的层次结构

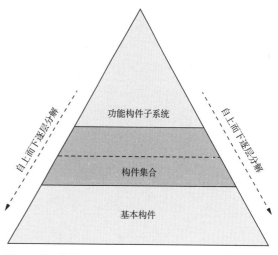

图2-2　装配式建筑构件系统的层次结构

围护构件系统、内装修构件系统和管线设备系统构成的。通过建立装配式建筑构件系统分解结构可以明确装配式建筑设计工作的具体构件对象、工作范围及内容，并为构件的工厂生产、现场装配及后期维护更新提供了基础条件。运用构件系统分类方法可以保证装配式建筑构件系统的完整性与系统性，使装配式建筑构件系统组织更加清晰明确、富有逻辑，以利于装配式建筑建设全流程的组织管理。建立装配式建筑构件系统分类还是对装配式建筑建设进行信息化管理的基础，为BIM信息管理平台的建立提供基础支持。

建立装配式建筑构件系统分解结构主要由以下步骤组成：

（1）确立装配式建筑功能构件子系统。对装配式建筑进行整体分析，按照结构、外围护、内装修、管线设备这4类构件功能属性构成进行功能构件子系统划分，将属于某一功能类别的构件归入相应的功能子系统，完成从建筑物理层面到功能层面的映射。

（2）建立构件集合。以构件的具体材料构成、所处位置、具体承载的功能等为划分依据，将各功能构件子系统进一步分解为不同种类的多层级构件集合。

（3）确立基本构件。对各种构件集合再进行若干次分解，依据实际建造逻辑，直到将其分解为若干相对独立或不可再分解的构件模块及基本构件单元，在同一构件集合下形成若干具有不同材料构成、构造形式、性能数据等属性特征的最底层级装配式建筑构件。

三、装配式住宅的构件分类

根据上文对于装配式建筑构件分类方法的研究，装配式住宅构件系统分解结构主要由3个结构层级构成，第一层级由具有不同功能属性的建筑功能构件系统组成；第二层级为构成功能构件系统的若干构件集合，构件集合内部又可根据构件种类的复杂程度，进一步划分内部梯级；第三层级则是由基本构件组成（图2-3）。第一层级和第二层级的功能构件系统与构件集合针对的是具有

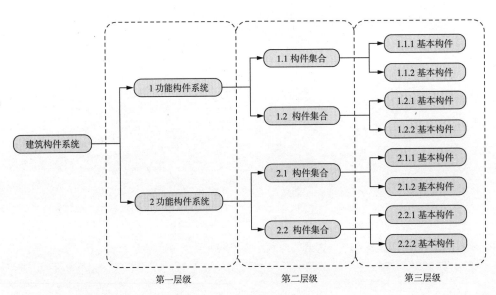

图2-3 装配式建筑构件系统分解结构示意图

某一类相同属性特征的构件，这种分类方式具有通用性。而第三层级的建筑构件是由特定建筑构件产品组成，构件根据自身技术性能具有专用性属性特征。

装配式住宅构件系统分解结构的第一层级包括4部分功能构件系统，其分别为结构构件系统、外围护构件系统、内装修构件系统与管线设备构件系统。结构构件系统首先形成建筑结构骨架，实现装配式住宅的主体承重功能；外围护构件系统在结构构件系统基础上添加外围护构件，使装配式住宅具有了完整的气候界面；内装修构件系统在结构构件系统与外围护构件系统基础上，通过内装修构件及模块使住宅室内空间形成装修界面，并实现了建筑内部空间分隔；管线设备构件系统最终通过各种性能设备、管线的设置，使装配式住宅具有了完善的居住使用功能以及舒适性。在这4部分功能构件系统中，结构构件系统处于基础核心位置，外围护构件系统、内装修构件系统与管线设备构件系统是在其基础上的逐层添加、扩展与完善（图2-4）。

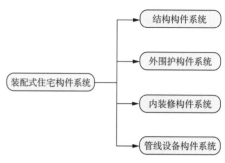

图2-4　装配式住宅构件系统构成

1．结构构件系统构成

装配式住宅的结构构件系统由装配式混凝土结构构件、装配式钢结构构件、装配式木结构构件共三大类构件集合组成（图2-5）。

装配式混凝土结构构件首先可进一步分解为竖向结构构件与横向结构构件。竖向结构构件由预制剪力墙和预制柱组成，横向结构构件由预制梁、预制板、预制楼梯组成。其中预制剪力墙包括全截面预制内外剪力墙板、预制夹心保温外墙板、预制双层叠合剪力墙板等；预制梁包括全预制梁、预制叠合梁等；预制板包括预制叠合板、预制密肋空腔楼板、预制阳台板、预制空调板等。

装配式钢结构构件同样首先分解为竖向结构构件与横向结构构件。竖向构件包括钢柱、钢管混凝土柱、钢板剪力墙、钢支撑、轻钢密柱板墙等；横向构件包括钢梁、压型钢板、钢筋桁架楼承板、钢筋桁架叠合板、钢楼梯、预制混凝土楼梯等。

装配式木结构构件的竖向构件包括木柱、木支撑、木质承重墙、正交胶合木墙体等；横向构件包括木梁、木楼面、木屋面、蒸压轻质加气混凝土楼板、木楼梯等。

2．外围护构件系统构成

外围护构件系统主要可分为预制混凝土外围护构件和非混凝土外围护构件（图2-6）。预制混凝土外围护构件主要包括预制混凝土外挂墙板、预制混凝土飘窗墙板、预制女儿墙、预制阳台栏板、预制阳台隔板等；非混凝土外围护构件主要包括单元式幕墙（玻璃幕墙、石材幕墙、铝板幕墙、陶板幕墙）、蒸压轻质加气混凝土外墙系统、GRC墙板、阳台栏杆等。

3．内装修构件系统构成

内装修构件系统主要由装配式内分隔构件、装配式吊顶、装配式楼地面铺装、装配式墙面板、集成式卫生间、集成式厨房、家具陈设等构件、构件集合组成（图2-7）。

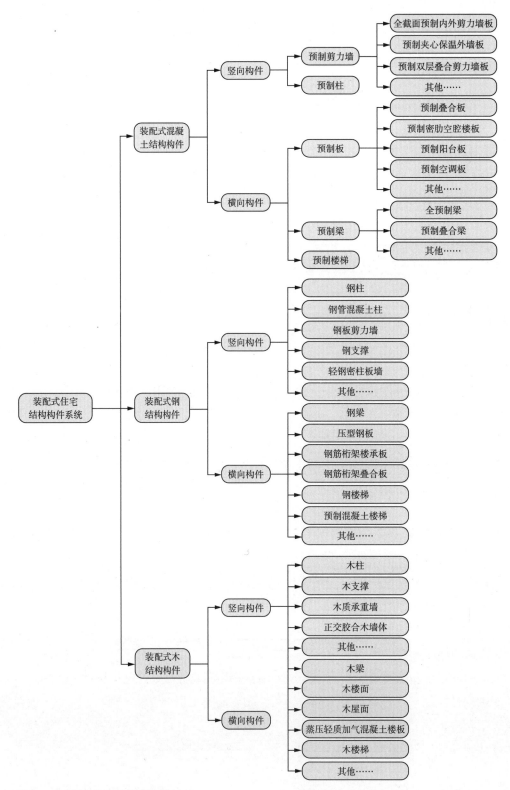

图2-5 装配式住宅结构构件系统构成

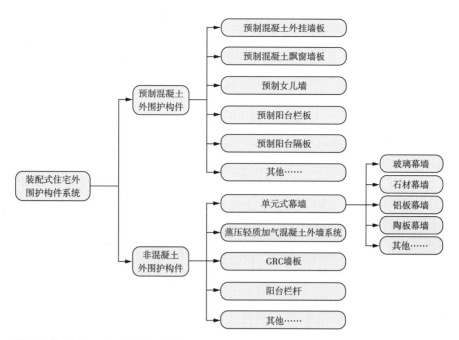

图2-6　装配式住宅外围护构件系统构成

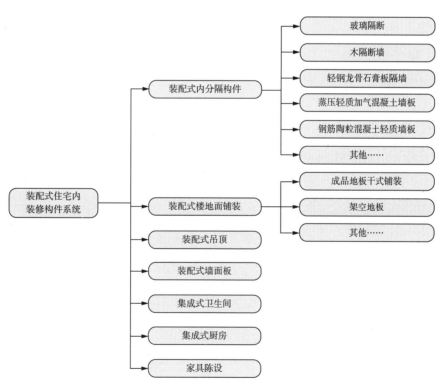

图2-7　装配式住宅内装修构件系统构成

其中装配式内分隔构件主要包括玻璃隔断、木隔断墙、轻钢龙骨石膏板隔墙、蒸压轻质加气混凝土墙板、钢筋陶粒混凝土轻质墙板等。

装配式楼地面铺装又可分为成品地板干式铺装与架空地板等。

4．管线设备构件系统构成

管线设备构件系统主要由水设备、电设备、性能调节设备、预制管道井、预制排烟道等构件集合组成（图2-8）。管线设备构件可进一步分为3个层级的构件。其中，一级构件位于住宅外部空间；二级构件为位于住宅公共空间内的水、电、性能调节设备等管线设备构件；三级构件主要为位于住宅户内空间的管线设备构件。

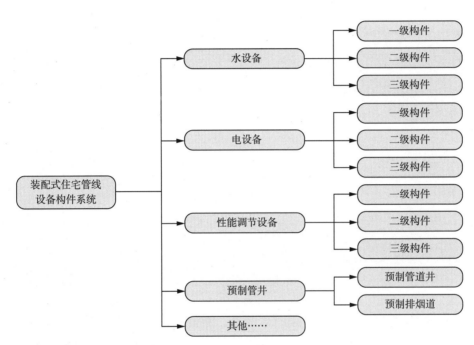

图2-8　装配式住宅管线设备构件系统构成

第二节
装配式住宅设计的基本原理与方法

一、基于构件的装配式住宅标准化设计

基于构件的装配式住宅标准化设计方法的核心是在设计前期阶段就根据装配式住宅构件系统分类原则对构成住宅的各类构件加以分解明确，面向构件生产、转运、现场装配、后期运维等全

过程对构件自身各方面性能以及由构件围合形成的空间展开设计，最终形成具有标准化、通用性、开放性特征的装配式住宅体系。

1．建筑标准化构件

建筑是一个复杂的系统，其结构体、围护体、分隔体、装修体和设备体由各种不同的部品所构成。这五个系统相互之间的关联和连接使得建筑策划、设计、生产、装配、使用、维修和拆除都越来越复杂。在这种情况下，应当将建筑中的构件进行归并，使得尽量多的构件相同或相近，并使得连接方式尽量归并，可以大大地减少不同的构件类型，方便设计、生产、装配等各个环节。

为了平衡建筑工业化大生产所要求的构件少和建筑多样性之间的矛盾，在建筑设计中可以考虑将构件区分为标准构件与非标准构件。需要说明的是，建筑标准构件与非标准构件并不存在不可逾越的鸿沟。譬如，当标准构件生产到最后几步时，如果将每个构件单独加工处理，可在同一基础之上获得各不相同的非标准构件，既可以保障大尺度上的一致，又能得到各不相同的非标准构件。这样可以大幅降低非标准构件的成本，同时又可以保证构造连接的一致性，是一种较为可行的非标准构件的设计生产方法。

针对装配式建筑来说，建筑构件设计应遵循尽量标准化的原则，但其自身重量较轻，装配难度较小，可以适当容纳一部分非标准构件；围护体的构件设计应在标准化与非标准化之间取得均衡，通过标准构件的不同排列组合或是特殊造型的非标准构件来满足建筑立面、建筑属性的要求；分隔体的构件设计应尽量符合标准化的要求，减少种类与数量，避免多余的加工和处理（图2-9）。

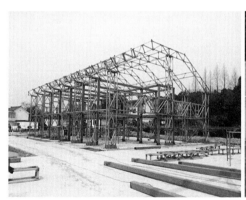

图2-9　标准化的建筑构件

2．基于构件的标准化设计基本方法

装配式建筑标准化设计是指以建筑构件的分类组合为基础，在满足建筑使用功能和空间形式的前提下，以降低构件种类和数量作为标准化设计手段的建筑设计思想。标准化设计是装配式建筑设计的基本方法，它贯穿于整个设计、生产、施工、运维的整个流程。标准化建筑设计旨在提高建造效率、降低生产成本、提高建筑产品质量。

实现装配式建筑标准化设计，前提是要具备标准化构件的概念，由标准化构件衍生出标准化

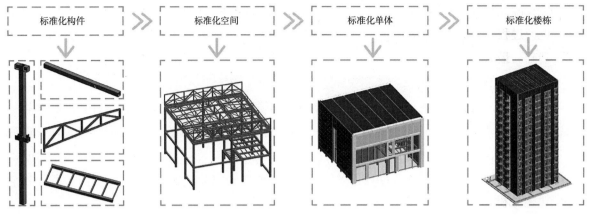

| 标准化构件 | 标准化空间 | 标准化单体 | 标准化楼栋 |

图2-10 标准化建筑单体模块的不同组合形式

空间或标准化户型，再由标准化空间或标准化户型组成标准化单体或标准化楼层，最后形成标准化的楼栋，由标准化构件到标准化建筑是一个逐步递进的过程，建立构件到建筑的逻辑框架是装配式建筑标准化设计的基本要点（图2-10）。

建筑构件的标准化是建筑工业化的技术基础与前提条件。装配式住宅建筑设计是工厂生产与现场装配施工的上游环节，对建造成本、建筑质量有重要的控制作用。通过对装配式住宅的构件等进行标准化设计可以降低建造成本、提升产品质量、简化建造难度、提高建造效率，实现构件生产的工业化规模效益。装配式住宅标准化设计的基本方法有：模数化设计、通用化设计、模块化设计、系列化设计。

1）模数化设计

模数化设计最主要的内容是装配式住宅的尺寸协调。尺寸协调是指建筑物及其建筑制品、构配件、部品等通过有规律的数列尺寸协调与配合，形成标准化尺寸体系，用以有序规范指导建筑生产各环节的行为。装配式住宅的模数化设计首先要建立模数网格系统，通过结构构件系统模数化系列尺寸的确立，创造一个被结构构件包容的模数化三维网格空间，在此空间基础上围护构件系统、装修构件系统、设备构件系统得以具备模数化条件。其次，对于装配式住宅构件的尺寸参数系列需进行充分的优化选择。在保证住宅性能的基础上，尽可能减少其数量与种类。最后，经过尺寸参数优选的构件，还需形成具有互换性的一系列优先尺寸，以满足住宅的多样化需求。

2）通用化设计

通用化设计是在互换性基础上，使建筑构件具有标准化规格，尽可能扩大同一构件对象的使用范围、提高重复使用率的标准化方法。装配式住宅的通用化设计主要是将功能相同、构造相似、尺寸相近的构件进行简化统一，使其具有功能与尺寸互换性，以减少其数量，扩大其应用范围，在工厂可以大批量的规格化、定型化生产，以降低生产成本，获得稳定的产品质量。

装配式住宅的通用化设计首先可以大大提高住宅建筑构件的重复使用率，预制构件的重复使用率越高，对于构件工厂预制生产和现场机械化建造越有利。通过增加在同一项目中同一类型构件的规格数量，使其在构件总数量上占有较大比重，可增强项目的标准化程度。其次，通用化设计可使装配式住宅建筑不因外部需求、产品类型的变化而改变建筑构件的基本内部设计，减少设计与生产过程中的重复性劳动以及改变生产格局所带来的生产成本的增加，为工业化规模生产奠定了基础。最后，对于重复利用率高的构件应尽量采用符合国家标准、行业标准的标准构件，无须再进行专门设计，有效提高设计、建造效率。

3）模块化设计

模块化设计是将一个复杂的系统问题分解到多个独立子系统中去处理的标准化设计方法，各子系统为可组合、分解、更换的功能模块，各模块根据自身功能特性进行独立标准化设计，最终通过各子系统的分别优化进而达到系统整体最优。装配式住宅的模块化设计通过对住宅构件系统进行功能分析，由整体到部分首先将住宅分解为若干具有独立功能的构件系统，有结构构件系统、外围护构件系统、内装修构件系统、管线设备构件系统。然后，这些构件系统可再次向下分解为由若干构件共同集合而成的构件模块，也可称之为构件集合，如内装修构件系统中的装配式吊顶、集成式卫生间、集成式厨房等。最后针对各构件模块内部以及模块相互间的匹配、连接展开设计，通过模块间的标准化接口、界面设计，使各构件模块共同集合成装配式住宅产品。

4）系列化设计

装配式住宅的系列化设计方法是在通用化、模块化设计的基础上，基于建筑构件的少规格、多组合原则，首先对装配式住宅原型产品进行选择与定义，将构成原型产品的结构构件、外围护构件、内装修构件、管线设备构件典型化，然后在原型产品之上通过对所设计住宅产品的市场对象、户型功能、经济成本、性能参数等进行全面的分析，运用转换与扩展的设计方法开发出派生住宅产品，进而规划形成分类、分层级的装配式住宅产品系列。

3．标准构件与非标准构件的组合设计

从装配式建筑视角理解，建筑是由大量标准构件和非标准构件组合构成的。标准构件是指具有标准化尺寸规格，通用互换性特征，可以大批量定型化生产，且具备较高重复使用率的建筑构件。相反，尺寸规格非标准、不可通用互换、无法大批量定型生产，且重复使用率低的建筑构件则可称之为非标准构件。

装配式住宅的标准化设计要求尽可能减少建筑构件的规格数量，提高同一种构件重复使用率，但在实际工程应用中要做到构件百分之百的通用化、标准化是十分困难的，难免会存在一定比例的非标准的结构、外围护、内装修及管线设备构件。此外，建筑是由构件、性能、功能、空间、文化五大要素构成，建筑不但要满足使用者在构件、性能、功能等物质层面的需求，还要满足使用者在空间、文化等精神层面的需求。为了体现建筑的文化属性，需要建筑形式具有个性化与多样化特征，需要在标准化设计前提下实现标准化与个性化、多样化的统一。因此，只有通过标准构件与非标准构件的组合设计才能解决以上问题。

标准构件与非标准构件的组合设计是装配式建筑的基本设计特征。基于标准构件主要实现结构、外围护、内装修及管线设备系统的基本性能与功能，并围合形成基本空间。基于非标准构件，可以对建筑内部空间与外部立面进行装饰，形成复杂的建筑形体，实现建筑的文化属性。对于民用建筑而言，标准构件和非标准构件在建筑中的运用比例会因建筑物类型的差异而有所

不同。在住宅、公寓、办公、学校等大量民用建筑中，会以标准构件为主、非标准构件为辅，存在大量的标准构件和少量的非标准构件。在博物馆、美术馆、纪念馆等强调个性特征的公共性建筑中，则会突出非标准构件的作用，适当增加非标准构件的比重。对于装配式住宅而言，通过标准构件与非标准构件的组合设计，可以实现标准化的结构、外围护、内装修、管线设备系统，以及个性化、多样化的室内装饰与建筑外观形式。

4．构件系统独立组合设计

构件系统独立组合设计是指将装配式住宅的结构构件系统、外围护构件系统、内装修构件系统、管线设备构件系统相互独立分离，对各构件系统间的相互组合方式、组合关系、组合构造展开设计。通过构件系统独立组合设计，实现了室内空间通用化及灵活可变，外围护、室内装修及管线设备构件便于更新维护，提高了住宅建筑质量、延长了住宅使用寿命，避免了二次装修等资源浪费问题，最终达到了住宅建筑的高品质、长寿命。

构件系统独立组合设计的核心是根据耐久性与设计使用年限的不同，将结构构件系统与外围护构件、内装修构件、管线设备构件系统相分离。结构构件系统是住宅建筑中核心不可变动的部分，具有最长的设计使用年限，其承担主体结构功能，住宅的耐久性主要通过结构构件来实现。外围护构件、内装修构件与管线设备构件系统是在住宅的全寿命周期内，根据使用者需求及更新维修需要可灵活改变的部分，其设计使用年限短于结构构件。运用构件系统独立组合设计，结合同层排水、干式架空等技术，将各类管线敷设于架空地板、吊顶、轻质内隔墙中，实现管线与主体结构的分离，避免了由于管线穿越楼板进入上下层住户空间带来的产权分界不清、噪声干扰、渗漏隐患、维修更换不便等弊端。再如，通过构件系统独立组合设计，对住宅结构进行合理布局，减少或避免住宅套内出现承重结构构件，运用便于拆卸更换的内隔墙构件分隔套内空间，以实现住宅套内空间布局在时间维度上，随着居住者的生活状态与家庭人口结构的变化而变化。

二、装配式住宅的空间限定方法与原则

传统住宅平面设计主要是基于住宅使用功能对住宅空间尺寸展开设计工作，其更多关注于所谓住宅的"户型"。在这种设计方式下，建筑的结构、外围护、内装修及管线设备系统均围绕"户型"展开设计，它们都成了户型的配角，共同为户型服务。这种设计方式往往导致的最终结果是产生大量非标准化的建筑构件、不规则的平面形态、复杂的建筑形体、低效不合理的结构体系等，最终降低了住宅的综合性能，非常不利于住宅建筑的工业化发展。装配式住宅的空间平面设计以构件的标准化、空间的通用化为设计出发点，强调要在实现结构、外围护、内装修、管线设备各系统的最大化效能基础上进行设计。

1．单元化大空间平面布局

装配式住宅空间平面设计要适应建筑全寿命周期的空间功能变化，要使住宅空间在时间

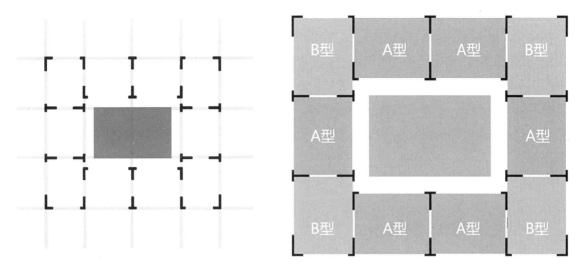

图2-11　单元化大空间与规则均匀的结构布局

维度上适应不同时期各类人群的需求，单元化大空间模式是实现这一目标的有力手段。单元化大空间主要是指利用标准竖向与横向结构构件形成标准化的大尺寸结构空间单元，空间内部可灵活划分，使住宅空间具有可更新性与可改造性，从而提高了住宅建筑的使用寿命（图2-11）。

2．规则均匀的结构布局

　　装配式住宅单元化空间强调在规则平面基础上采用规则均匀的结构布局，在强化结构经济性、安全性的同时，尽可能地减少结构构件的类型与数量，形成简洁高效的结构体系。相反，装配式住宅设计如果采用不规则平面则会导致结构布局的复杂化，降低结构体系的综合效能，产生大量非标准化结构构件，增加预制结构构件的规格数量、工厂预制生产工作量以及装配施工的难度，最终不利于整体建造成本与建造效率。

3．模块化功能空间

　　在住宅建筑中以户为基本的居住空间单元，户型的标准化是装配式住宅的重要空间限定原则。标准化户型的重要特征是模块化的功能空间。户型内部的不同功能空间，如起居室、卧室、厨房、卫生间等，具有多样化的标准规格尺寸与平面布局，形成基本功能空间模块。这些具有可替换性的空间模块通过相互间的组合、拼接可形成不同的标准化户型，以适应各种家庭居住模式的需求。在套型面积相同或相近的户型中，会根据使用及空间布局条件，基本采用同一种厨房与卫生间模块。

　　装配式住宅模块化功能空间设计以构件的标准化、空间的通用化为基础，统筹考虑协调各基本功能空间的组合关系，力求做到空间布局紧凑、户型轮廓方正，并突出空间的可变性。对于厨房与卫生间等功能空间模块，其在户型空间组合中应基本保持固定不变。而对于起居室、卧室、餐厅等功能空间则应基于通用大空间原则，通过内分隔墙体的灵活调整，实现空间的可变性，以适应不同的居住模式需求，延长使用寿命。

4. 三级管线设备空间

在装配式住宅中，通过三级管线设备构件的划分，形成住宅外部空间、住宅公共空间、住宅户内空间的三级空间布局，其清晰界定了管线设备构件在住宅中的空间层级关系，形成明确的产权界面，从而便于后期的维修与管理。管线设备二级构件布置于住宅公共空间中，形成集中紧凑的管线设备空间单元。三级构件位于住宅户内，各类管线通过明装或敷设于架空地板、吊顶和墙面夹层等室内空间6个面的架空层内，实现了管线构件与结构构件、内分隔构件、外围护构件的分离。

三、装配式住宅正向标准化设计

装配式住宅正向标准化设计方法是当前建筑行业转型升级重要的顶层设计方法，该方法可以符合建筑师的使用习惯，是在设计前端正向引导适合装配式建筑特征的设计理念和方法，该方法的形成是基于标准化"构件库"的正向设计逻辑，以达到从"构件"层面对装配式建筑全寿命周期内的质量监管与控制。

装配式住宅正向标准化设计主要包括楼栋层面、单元空间层面、结构空间与房间层面、构件层面这四个层面标准化设计。

1. 楼栋标准化

楼栋标准化控制主要包括体形系数，层高、构件和空间单重复组合与韵律控制、构件独立原则等。较小的建筑体形系数以及合理的层高控制可以使建筑平面布局趋于规则平整，不但有利于装配式建筑的构件标准化设计，更能够提高构件的重复率，做到构件的多组合少规格。空间单元和构件重复组合是一种更适合装配式建筑特征的设计方法，在设计和应用时可提高空间单元和构件的重复程度，做到空间与构件多组合少类型，以形成有秩序的变化和有规律的重复，实现韵律美感，达到建筑上的美学追求。建筑的各个组成部分，结构体、外围护体、内分隔体、装修体和设备体应尽量保持独立，避免与其他构件产生穿插。这既可以保证在生产、建造过程中不相互影响，更重要的是，在日后的改造更新中，构件可以独立更换，让建筑较好地实现可改造性和可更新性。

2. 单元空间标准化

单元空间标准化主要包括空间单元标准化和尺寸协调、公共空间尺寸协调控制和标准化构件、连接件的定型选型控制等。空间单元的标准化以及其内部尺寸协调性进行控制是实现楼栋标准化的重要环节，在装配式建筑中应约束其户型内部房间的边数率，控制其房间的复杂系数，以达到建筑内部空间的标准化设计。公共空间的标准化主要通过对大厅空间、竖向交通空间、廊道空间和管道设备空间等进行标准化的控制和约束。装配式住宅的构件、连接件的定型选型可以采用信息化手段进行分类和组合，建立构件系统库，能够使建筑设计和建造流程变得更加标准化、理性化、科学化，减少各专业内部、专业之间因沟通不畅或沟通不及时导致的"错、漏、碰、缺"，提升工作效率和质量。

3．结构空间与房间的标准化

结构空间与房间的标准化控制主要包括竖向结构开间、进深、高度尺寸与功能匹配设计、横向结构适配控制等。装配式住宅最适合采用规整的结构体，规整结构体可以使得内部分隔灵活多变，同时也能减少竖向构件的种类，提高生产和装配的效率。此外，采用大空间结构体是空间可变的基础，更易于后期户型空间更新换代和再利用。

4．构件标准化

构件标准化控制主要针对具体的预制构件。对于大量的民用建筑应当以标准构件为主，实现设计标准化，便于构件生产、加工、运输、装配、维修等。结构体的构件设计应尽量是标准构件，宜减少非标准结构体构件数量。在允许的生产、运输和装配条件下，结构体标准构件应尽量大，以此减少构件数量和减少构件之间的连接节点数量。钢筋混凝土结构中结构体构件往往都较大较重，即使是尺寸相同的构件仍然可能存在配筋或者开槽等差异，所以在钢筋混凝土结构中，结构体的设计更应进行适当的归并，在建筑策划和建筑设计阶段充分考虑到结构体构件的生产、运输和装配。对于柱构件，考虑到与梁、板的交接，一般至少需要角柱、边柱和内部柱三种，应尽量在此基础上进行复制，而不是根据传统的配筋方式使得柱构件种类太多。对于剪力墙构件，应尽量在平面上归并其几何形状，宜采用L型、T型、Z型、H型等可以独自站立的构件，采用一字形的剪力墙虽然有利于生产和提高运输效率，但其在装配时需要额外支撑，会对建筑施工产生不利影响。对于梁构件，应尽量根据跨度归并梁的截面尺寸，并应尽量避免梁搭梁的结构形式，这会严重影响主梁的预制效率，并在施工时产生较多的额外工序。对于板构件，应找到合理的模数来控制板构件的划分。围护体的构件设计应在标准构件与非标准构件之间取得均衡。对于住宅建筑、工业建筑、办公建筑等，应尽量通过围护体标准构件不同的排列组合取得丰富的立面效果。分隔体的构件设计应尽量符合标准构件的设计标准。对于主要使用空间而言，应使分隔体的类型尽量少。在具体的设计中，还和具体的内分隔体建造方式有关：如果采用预制混凝土板直接吊装而成，应尽量减少标准构件类型和非标准构件数量；如果采用可复制拼装的板材拼接而成，则应使内分隔体尽量符合构件的模数，常见的模数如300mm、600mm、900mm和1200mm等，尽量避免非标准构件而导致板材的切割；如果采用石膏砌块、发泡混凝土砌块、空心砖等砌块建造，则应根据具体材料的构造特性来设计相关模数，同样需要避免砌块的切割。对于楼梯间、厕所或设备间等辅助空间的分隔，由于空间狭小或曲折，其内分隔体往往不得不采用非标准构件，这种情况下应充分考虑到施工的难易，从而选择合适的材料，避免产生太多的非标构件。

装配式建筑设计中在方案设计阶段需要关注预制装配率和构件标准化率两个重要指标。前者是当前推行装配式建筑政策中写入用地条件的重要考核指标，通常由当地政府根据当地实际发展阶段来确定，有时也直接参照国家制定的装配式建筑指标来执行。标准化率则是构件生产过程中造价提升多少与否的重要参照指标。因此，需要通过对这两个指标的定量计算，在建筑方案设计阶段加以控制，通过反复优化两项指标，最终达到优化设计的目标，优化流程如图2-12所示。

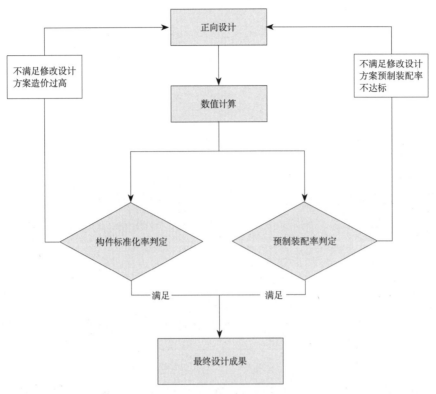

图2-12 正向设计优化流程图

四、装配式住宅的协同设计模式

当前我国的建筑工程建设仍以传统的"设计—招标—施工"建设模式为主，建筑工程基本建设程序大体可分为5个阶段：前期准备阶段、设计阶段、建设准备阶段、建设施工阶段和交付阶段。建筑工程基本建设程序的5个阶段分别面对不同的利益主体。利益主体中构成建筑活动核心三方的分别是面向前期准备阶段的业主方、面向设计阶段的建筑设计方和面向建设准备阶段、建设施工阶段的施工承包方。建筑工程建设需要将不同利益主体联系起来，形成多组织、多主体协调工作才能完成建筑产品的生产方式。在传统建筑工程的建设程序下，设计阶段与施工阶段相分离，各阶段主体往往从自身利益出发，采用有利于实现本阶段目标的方法与手段，而与其他阶段缺乏充足的信息交流，有时造成各生产阶段的脱节，影响了建筑工程建设的实施效率。

在传统建筑工程建设过程中，由于三方利益主体的相对分离，建筑设计方一般只狭义地负责设计阶段建筑技术图纸的编制，而前期准备阶段主要由业主方负责，建筑设计方参与较少。在现行建筑勘察设计体制下，建筑设计方主要通过设计招标、项目委托等形式获得业主的设计任务，为业主提供建筑设计等相关服务内容。建筑设计方的工作包括设计准备、方案设计、初步设计、施工图设计、施工配合、回访6部分，其中核心工作是从接到业主方的设计任务书开始，直到建筑施工之前的图纸文件作业。在图纸文件作业中，大量的工作及工作的重点则是施工图纸设计。在我国传统建筑工程建设中，建筑设计方并不主导产品生产全过程，而是为建设方、业主提供建筑设计等技术性服务工作，只分担了部分的研发工作，并没有掌控建筑产品研发全过程，也较少参与到建筑建造施工过程之中，建筑设计向前后两阶段延伸的工作较少。

与传统建筑设计模式不同，对于装配式住宅建筑设计，协同、一体化是其基础的设计组织方式，其改变了传统建筑设计与建造过程的串行模式。装配式住宅协同设计强调运用集成化、并行化的建筑设计方法，在设计前期阶段就综合考虑建筑生命周期中的各个阶段，强调各设计阶段、设计活动的并行。各相关专业在设计阶段便针对下游的建筑构件生产、运输、施工装配等环节展开并行设计，尽可能避免设计错误，减少跨阶段的设计反复与更改。在早期的建筑设计中，要面向下游，针对建筑构件的可生产性、可装配性、可维修性、可替换性、安全性等方面进行设计。装配式住宅通过协同设计模式，对建筑设计过程进行动态化持续改进，最终实现建筑设计过程的整体优化。

协同设计模式主张摒弃按专业划分的组织模式，转而建立协同设计团队，取消专业间的人为阻隔，各专业、各工种人员协同展开工作。团队中除了上游的建筑、结构、机电设备、室内装修等专业设计人员，还应包括下游的工厂构件生产、转运、现场施工装配等方面的专业技术人员。建筑设计人员不仅在前期展开设计工作，还应参与到构件生产与房屋装配建造过程之中，同构件生产工程师、装配建造工程师等共同工作，及时发现生产与建造中出现的问题，对建筑设计进行优化，使建筑设计质量能够持续改进。

在前期策划与方案设计阶段，各专业应协同配合，按照装配式住宅标准化设计与空间限定原则，在充分考虑装配式预制构件生产、转运和工程经济性条件基础上，合理安排装配式建筑结构实施的技术路线以及预制构件装配实施的类型、部位与规模，并明确要实现的装配式建筑相关指标。

在初步设计与施工图设计阶段，各建筑设计专业应与预制构件生产、装修施工、现场装配施工等企业紧密协同，做好相关构件与构件、构件与主体结构间的协调、匹配、预留、预埋等设计工作。在预制构件深化设计中，应充分考虑工厂生产工艺与施工条件，全面满足工厂生产、现场施工装配等相关环节的技术和安全要求。在总平面设计中还应考虑预制构件及设备的运输通道、堆放以及起重设备所需空间，充分考虑施工组织流程，保证各施工工序的有效衔接，提高效率，缩短施工周期。

最后，装配式住宅协同设计强调应充分运用BIM技术，对装配式住宅进行数字化信息模型定义，建立装配式住宅BIM信息协同管理平台，实现装配式住宅全生命周期信息的集成，协同整合从设计、生产、转运到装配施工的全过程信息。在BIM信息协同管理平台上，装配式住宅设计的各方参与人员可协同、并行地展开工作，形成顺畅的信息共享、交流、反馈渠道，实现及时的技术交流与协商。

要建立BIM信息协同管理平台首先要在装配式建筑构件系统分类基础上，建构装配式住宅构件库，制定构件编码规则，并落实物联网实现技术，采用信息化手段对装配式住宅的设计、生产、转运、装配施工全过程进行管理，同时对接政府管理部门，实现对建设全过程的生产、质量、安全监管及追溯。最终，装配式住宅协同设计通过对数据信息实施全过程管理，实现对住宅建筑全生命周期中的构件设计、构件生产、构件转运和装配施工等信息的有效管理，以做到随时将正确的信息以正确的方式传递到正确的地方。

本章小结

本章介绍了装配式建筑设计方法，建立了装配式住宅构件系统的概念、作用和分类方法，并基于构件系统，阐述了装配式住宅设计的基本原理和方法。在设计的过程中建立构件的概念，面向建筑的全生命周期，基于标准化原则，立足于协同设计模式，强调在BIM信息技术基础上，实现各专业在建造各阶段的协同设计。

钢筋混凝土结构体系
工业化装配式住宅

钢筋混凝土结构住宅是装配式住宅的主要类型。装配式钢筋混凝土的构件按生产模式，大体分为3类，即预制构件、现浇构件和叠合构件；按照构件作用分类可以分为结构受力构件、建筑围护和分隔构件以及功能性构件。通过在工厂生产预制构件，运输到施工现场进行定位装配，铺设管线设备，再安装配套的厨房、卫生间，形成整体的住宅体系。

随着可持续发展和节能环保要求的不断提升、劳动力成本持续增加，以装配式钢筋混凝土结构体系为代表的建筑产业现代化受到了越来越多的重视[1]。钢筋混凝土结构相比钢结构和木结构的主要优点是：①混凝土中所用的砂石材料可就近取材，成本较低；②耐久性和防火性均比钢、木结构好；③现浇及装配整体式钢筋混凝土结构整体性好，因而有利于抗震防爆；④比钢结构节约钢材；⑤可塑性好，能够根据设计要求浇筑成型各种形状。这些优点决定了我国小高层以上住宅主要采用钢筋混凝土结构。但是，钢筋混凝土结构也存在一些缺点：①自重过大，施工复杂；②浇筑混凝土时需要模板、支撑；③户外施工受季节条件限制[2]。大力发展装配式钢筋混凝土结构目的之一是克服上述钢筋混凝土结构的弊端，因为：①装配式混凝土结构住宅的户型平面布局方正实用，各个套型房间开间、进深按照模数标准统一，结构构件系统柱、梁、墙布置规则、对齐，有利于构件的工厂化大规模生产；②构件成型的模板支撑可重复利用，减少不必要的损耗；③大部分构件成型工作在工厂完成，避免季节性施工条件限制。

第一节

钢筋混凝土构件成型和定位的特点

钢筋混凝土作为我国乃至世界上使用量最多的建筑材料，也是少有的一种可以建造高层房屋的，同时可以制作梁、板、墙和柱，不需要后期特殊护理的材料。它的广泛使用具有一定的优势和特点。钢筋混凝土作为一种成分多元化的混合材料，它的构成与成型技术不同于一般普通的建筑材料，所应用的领域也更加广泛。

一、混合一体化材料特点

钢筋混凝土由钢筋和混凝土两种材料组成。混凝土是由水泥、砂、石加水拌和而成的人造石，其抗压强度较高，但抗拉强度很低，延性较弱。而钢筋受拉受压能力都较好，且具有一定的

---

① 刘琼，李向民，许清风. 预制装配式混凝土结构研究与应用现状 [J]. 施工技术，2014（22）：9-14，36.

② 罗向荣. 钢筋混凝土结构 [M]. 北京：高等教育出版社，2004：2.

延性，但受压容易屈曲失稳。如果在混凝土构件的受拉区配置适量的钢筋，形成钢筋混凝土构件，那么钢筋可以代替混凝土承受拉力，直至构件超过承载能力极限状态。钢筋混凝土的这两种物理力学性能很不相同的材料之所以能有效地结合并共同工作，主要原因是：①钢筋与混凝土二者之间存在粘结力，在荷载作用下，能够协调变形，共同受力；②钢筋与混凝土的温度线膨胀系数相近，当温度变化时，二者间不会因此产生较大的相对变形而破坏它们之间的结合；③钢筋至构件边缘之间的混凝土保护层，起着防止钢筋锈蚀的作用，保证了结构的耐久性。由于钢筋和混凝土的性质能互补其劣势，再加上材料易得、抗锈蚀、耐火、可加工性强等优势，使得钢筋混凝土结构成为装配式住宅的一种重要结构形式。

目前，装配式钢筋混凝土结构体系根据竖向结构受力不同分为：装配整体式框架结构、装配整体式剪力墙结构、装配整体式框架剪力墙结构等，并相应产生了现浇剪力墙预制外挂板墙工法系统、预制装配式剪力墙工法系统、叠合板混凝土剪力墙工法系统、预制装配式框架结构工法系统、预制装配式框架剪力墙工法系统等施工工法。实际上，无论何种结构工法，在实现住宅钢筋混凝土结构构件上始终离不开四大工程，即混凝土工程、模板工程、钢筋工程和架子工程。

1．混凝土工程

混凝土是由水泥、砂、石加水拌和而成的人造石，在常温条件下就能从液态向固态转化并产生高强度的独特材料，因此就形成了预制和现浇两种施工方式。预制是先在工厂里制作成混凝土构件，然后运送到施工现场进行装配连接，形成装配式混凝土结构；现浇是在施工现场利用现有商品混凝土供应链与混凝土高空泵送技术将混凝土直接灌注入模成型，形成整体混凝土结构。

2．模板工程

未凝固的混凝土具有可塑性，而模板工程是混凝土结构浇筑成型前的模壳及支架，通过它来实现混凝土构件的定型。模板的选择和使用是混凝土施工的关键因素之一，直接影响混凝土的质量和整体性。根据混凝土浇筑入模地点的不同可以分为工厂浇筑和现场浇筑。

3．钢筋工程

混凝土是其抗压强度较高，但抗拉强度很低，延性较弱。而钢筋受拉受压能力都较好，且具有一定的延性，但受压容易屈曲失稳。如果在混凝土构件的受拉区配置适量的钢筋，形成钢筋混凝土构件，那么钢筋可以代替混凝土承受拉力，直至构件超过承载能力极限状态。由于钢筋和混凝土的性质能互补其劣势，使得钢筋混凝土结构成为装配式住宅的一种重要结构形式。

4．脚手架工程

脚手架工程实际是完成钢筋混凝土构件时的辅助支撑系统，保证施工过程顺利进行而搭设的工作平台。施工现场通常采用扣件式、钢管式、盘扣式等脚手架，不管搭设哪种类型的脚手架，都有现场搭建工作量大、安全防护措施不严密等施工隐患，需要技术好、有经验的技术人员负责搭设技术指导和监管①。

装配式钢筋混凝土住宅根据竖向结构受力不同分为：装配整体式框架结构、装配整体式剪力墙结构、装配整体式框架剪力墙结构等。

1. 现浇剪力墙外挂板工法系统

外挂板工法系统俗称"内浇外挂体系"（图3-1），其并不是一种结构形式，而是一种施工方法。该系统是一种能够将承重墙、围护墙和隔热保温叠合浇筑为一体、将隔热保温材料层置于墙体内部，大大延长其使用寿命，且能基本阻断冷、热桥的工厂化生产的新型预制结构系统。其外围为自保温混凝土叠合承重墙，内部为现浇剪力墙，叠合承重墙作为剪力墙参与结构计算。可用于抗震设防烈度7度及以下地区、高度不超过65m和抗震设防烈度8度地区、高度不超过28m的建筑。该结构系统建筑节能效果良好，可达到65%以上，且保温与结构一体化，建设费用减少50%左右，主要问题在于预制化程度不高。

2. 预制装配式剪力墙结构工法系统

根据具体工法的不同，预制部位及比例率也有所不同，依照当前国内现状，大体可以分为两类：第一类，仅在外承重墙中应用预制的剪力墙构件，上下层外墙通过套筒灌浆连接，内部剪力墙以现浇形式完成；第二类，所有的承重墙都通过预制完成，最后通过现场浇筑节点的方式保障其整体性。该系统比"内浇外挂"方式工业化程度高，预制外墙承重且参与抗震计算，对于小户型的保障性住房空间和功能布置无影响（图3-2）。在大规模生产的前提下，此种系统是未来重要发展方向之一，比较适合目前高容积率住房项目应用②。

图3-1 现浇剪力墙预制外挂板墙工法系统

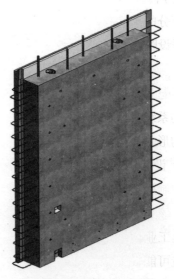

图3-2 预制装配式剪力墙工法系统

---

① 赵鹏程. 建筑工程中脚手架的使用探索 [J]. 中国电子商务，2012（16）：203.

② 龙玉峰，谌贻涛，赵晓龙. 工业化技术在深圳市保障性住房中的应用研究 [J]. 建筑技艺，2014（6）：44-49.

3. 叠合板混凝土剪力墙结构工法系统

该系统由叠合梁、板，叠合现浇剪力墙，预制外墙模板等组成，剪力墙等竖向构件部分现浇，预制外墙模板通过玻璃纤维伸出筋与外墙剪力墙浇成一体[①]。双板叠合预制装配式整体式剪力墙系统的特色是预制墙体间的连接由U形钢筋伸入上部双板墙中部间隙内，两墙板之间的钢筋桁架与墙板中的钢筋网片焊接，后现浇灌缝混凝土形成连接。双板构件还充当了结构模板，省去了现场拆模的工序（图3-3）。该系统工业化程度较高，叠合墙板和叠合楼板可被大量应用于地上住宅剪力墙结构和地下车库工程。

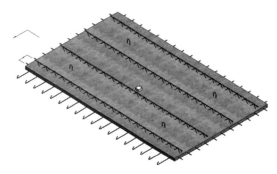

图3-3 叠合板混凝土剪力墙工法系统

4. 预制装配式框架结构工法系统

该系统采用现浇或多节预制钢筋混凝土柱，预制预应力混凝土叠合梁、板，通过钢筋混凝土后浇部分将梁、板、柱及节点连成整体的新型框架结构体系（图3-4）。安装时先浇筑柱，后吊装预制梁，再吊装预制板，柱底伸出钢筋，浇筑带预留孔的基础，柱与梁的连接采用键槽，叠合板的预制部分采用先张法施工，叠合梁为预应力或非预应力梁，框架梁、柱节点处设置U形钢筋。该系统关键技术——键槽式节点避免了传统装配式节点的复杂工艺，增加了现浇与预制部分的结合面，能有效传递梁端剪力[②]，可应用于抗震设防烈度6地区、高度不大于60m的建筑。

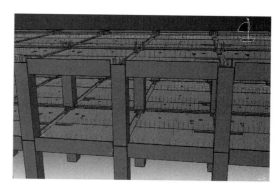

图3-4 预制装配式框架结构工法系统

5. 预制装配式框架剪力墙结构工法系统

该结构系统是一种结合框架结构与剪力墙结构优点的结构形式。纵向上采用柱和梁形成的框架结构，横向上设置剪力墙（图3-5）。当前，在国内主要通过预制梁与现浇柱及现浇剪力墙的方式完成其整体性。该系统并没有突破现行的抗震规范，结构合理，且工业化程度比较高。在平面设计上比较灵活，改造可能较大。结合室内SI体系可能会成为装配式住宅未来的发展方向之一[③]。

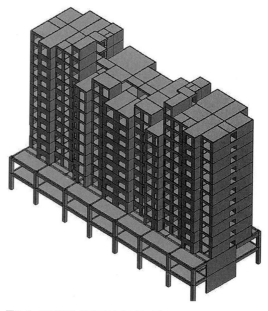

图3-5 预制装配式框架剪力墙工法系统

---

① 高本立，李世宏，李岗. 江苏省主要混凝土结构建筑工业化技术 [J]. 墙材革新与建筑节能，2015（3）：48-58.
② 陈乐琦. 预制梁板现浇柱装配式框架结构节点试验研究 [D]. 南京：东南大学，2014.
③ 龙玉峰，谌贻涛，赵晓龙. 工业化技术在深圳市保障性住房中的应用研究 [J]. 建筑技艺，2014（6）：44-49.

6.装配式刚性钢筋笼结构工法系统

该工法系统采用结构体刚性技术——剪力墙钢筋笼、剪力墙连梁、剪力墙楼板、柱，构件本身具有刚度，能够承受部分荷载，简化施工工序，提高装配效率，保障施工安全。钢筋构件的工厂化生产为形成刚性结构体奠定生产条件，免拆模板网减少了支模作业量，工程集装架实现构件快速精准定位定型（图3-6）。通过三级定位装配，在符合国家钢筋混凝土规范要求下，实现大构件组装大结构体，形成大空间。该技术具有结构构件重量轻、分级装配大构件技术，能提高运输、吊装及装配的经济性。

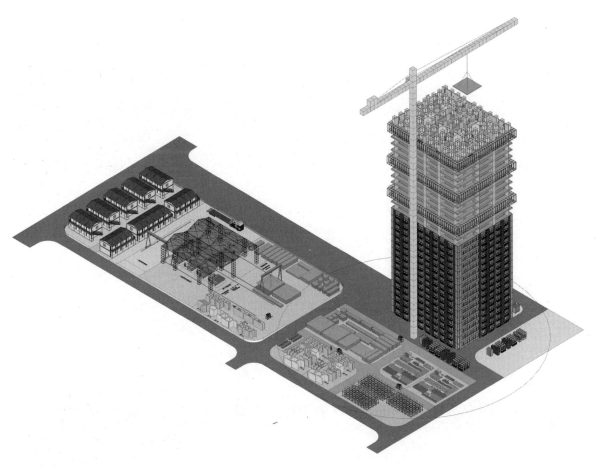

图3-6 装配式刚性钢筋笼结构工法系统

7."空中造楼机"现浇装配式建造工法系统

住宅科技产业技术创新战略联盟组织十多家产业链技术企业研发的工业化建造成套装备，简称"空中造楼机"（图3-7）。该装备摆脱常规预制装配思维方式，探索将工厂搬到施工现场，模拟一座可移动造楼工厂的概念，研发能全程机械操作、智能控制、可实现质量与安全远程监控的大型、组合式机械装备。在高层与超高层住宅领域实现现浇装配式建造。推动传统建筑业向少量产业技术工人为主的机械建造业转型与升级。"空中造楼机"与建筑形体相配套，进行全程机械操作、智能控制、现场现浇装配式建造。主体结构与外墙保温饰面板同步一次现浇成型。"空中造楼机"可对现有中小型建筑机械厂实现转型升级重组，进行"空中造楼机"大型机械装备组装与标

图3-7 "空中造楼机"现浇装配式建造

准部件配套生产。根据房地产业开发周期上下行变化规律，灵活调整造楼机生产数量，避免产能不足与产能过剩，实现有效供给。

二、从液态到固态的构件成型特点

混凝土为胶凝性气硬材料，未凝固的混凝土具有极佳的流动性，正是因为此特征使其具有可塑性及施工便利性。混凝土构件的成型过程主要包括浇筑和捣实，模具系统是混凝土结构浇筑成型的模壳及支架，它的选择和使用是混凝土施工的关键因素之一，直接影响混凝土的质量和整体性。而混凝土构件的成型技术也随着模具系统的更新不断地向前发展，常见混凝土模板分类见表3-1。在混凝土施工中，模具系统是混凝土成型的构造设施，其构造包括模板系统和支撑系统。模板系统包括面板和所联系的肋条；支撑系统包括纵横围檩、承托梁、承托桁架、悬臂梁、悬臂桁架、支柱、斜撑与拉条等[1]。

---

① 于祥顺. 试论模板工程在钢筋混凝土施工中合理应用 [J]. 科技与企业，2012（9）：254.

类型	内容
模板系统	（1）组合式、（2）工具式、（3）永久式
按材料分类	（1）木模板、（2）钢木模板、（3）胶合板模板、（4）钢模板、（5）塑料模板、（6）玻璃钢模板、（7）铝合金模板
按结构分类	（1）基础模板、（2）柱模板、（3）楼板模板、（4）楼梯模板、（5）墙模板、（6）壳模板、（7）烟囱模板
按施工方法分类	（1）现场装拆模板、（2）固定式模板、（3）移动式模板

1. 组合模板的应用

木胶合板具有轻质、高性能、表面平整光滑、容易脱模、耐磨性强、能多次重复使用等特点，适用于墙体、楼板等各种结构施工（图3-8）。随着木胶合板模板的胶合性能和表面处理等技术的不断进步，木胶合模板已经成为国外许多国家应用最广的模板之一[①]。我国早在20世纪70年代的建筑施工中已采用过木胶合板模板，近几年在国家新技术示范工程中，也有不少施工单位采用了木胶合板模板。由于我国木材资源缺乏，因此不可能大量推广应用[②]。

组合钢模板是一种定型的工具式模板，可用连接构件拼装成各种形状和尺寸，适用于多种结构形式。新型钢模板支撑系统采用伸缩主梁、钢包木次梁、阴阳角等技术[③]，实现墙板梁柱一次性整体浇筑（图3-9）。采用钢模板可以节省劳动力，提高施工质量，加快工程进度，提高了施工效率。组合钢模板多用于工业与民用建筑结构的模板，也可用于隧道施工、水坝、高大构筑物等的模板。由于大型高层现浇剪力墙建筑急剧增加，全钢大模板也得到广泛使用。将模数化板材自由组合，可以满足不同建筑物施工的需求，极大地提高了剪力墙结构施工的效率和质量。全钢大模板可以重复使用500次以上，浇筑后的剪力墙平整度优于国家标准[④]。

钢木混合模板系统是以扣件式钢管为支撑和主龙骨，胶合板作为面板，方木为龙骨的。这种

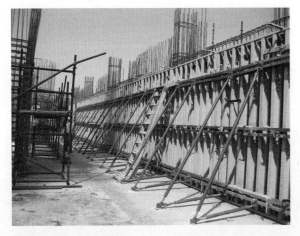

图3-8 混凝土木胶合板模板

图3-9 组合钢模板

① 糜嘉平. 我国木胶合板模板的发展及存在的问题 [J]. 中国人造板，2010（5）：5-8.

② 陈家珑，高淑娴，鲁铁兵. 竹模板施工应用研究用特性研究 [J]. 施工技术，1999（3）：47-48.

③ 李志. 北京翼龙京达商贸有限公司易德筑新型模板支撑体系产品手册 [R]. 2015.

④ 叶海军，史鸣军. 建筑模板的发展历程及前景 [J]. 山西建筑，2007（31）：158-159.

图3-10 钢木混合模板系统　　　　　　　　　　　　　　　图3-11 塑钢模板

模板系统因价格有优势、质量有保证、工艺简单且连接件少等特点，目前正成为我国现浇混凝土结构模板工程中的主导模板[1]。但钢木模板仍存在许多缺点，如模板系统不成体系、钢管浪费严重、劳动力需求量大、胶合板和方木次龙骨抗弯强度低等（图3-10）。

塑钢模板是一种节能型和绿色环保产品，是继木模板、组合钢模板、竹木胶合模板、全钢大模板之后又一新型换代产品[2]。能完全取代传统的钢模板、木模板、方木，节能环保，摊销成本低[3]。塑钢模板周转次数能达到30次以上，还能回收再造。温度适应范围大，规格适应性强，可锯可钻，使用方便。模板表面的平整度、光洁度超过了现有清水混凝土模板的技术要求，有阻燃、防腐、防水及抗化学品腐蚀的功能，有较好的力学性能和电绝缘性能。能满足各种长方体、正方体、L形、U形的建筑支模的要求（图3-11）。

2.免拆模板的应用

免拆模板，即永久性模板，作为一次性消耗模板，在现浇混凝土结构浇筑后不再拆除[4]。其中有的模板与混凝土结构一起组成共同受力构件，或成为保温层。由于免拆模板多为预制构件，其生产可实现工业化、标准化。在保证模板性能的同时，其材料的选用可因地制宜，充分开发利用工业废料，推动模板材料从传统向新型复合材料过渡。免拆模板还具有耐久性强、人工费与材料损耗低、施工简便、加快施工进度的优点。

快易收口型网状免拆模板（图3-12），以一种薄形热浸镀锌钢板为原料，加工成有单向U形密肋骨架和单向立体网格的永久性混凝土模板[5]。其力学性能优良、自重轻，特别适应分段浇筑混凝土，具有先进的科学性和广泛的实用性。免拆模板自重轻，只是普通定型钢模板的1/10，安装快速，运输方便，尤其适合高空作业。而网状孔眼可协助分散浇筑时水泥砂浆产生的水压，使得免拆模板承受的侧压力仅为一般模板的60%，故而可减少40%的模板支撑龙骨量，减少人工及材料

① 陈树林. 钢木混合模板的优缺点分析 [J]. 黑龙江科技信息，2010（16）：34-36.

② 王巧华，姜佳，贡伟. 塑钢模板在高层建筑中的运用研究 [J]. 建筑工程技术与设计，2015（28）：1911.

③ 吕保林，马慧，朱红燕. 常用模板的类型及工程应用特点 [J]. 商品与质量·建筑与发展，2014（2）：813.

④ 王望珍. 建筑结构主体工程施工技术 [M]. 北京：机械工业出版社，2004.

⑤ 吕文良. 快易收口型网状模板 [J]. 施工技术，2003，32（2）：26-27.

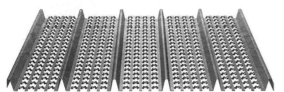

图3-12　快易收口型网状模板

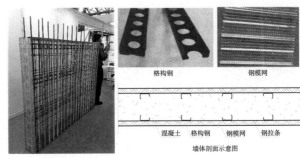

格构钢　　　钢模网

混凝土　格构钢　钢模网　钢拉条

墙体剖面示意图

图3-13　钢网构架混凝土模板

费用。免拆模板有利于环保，使工地保持洁净，又可减少木材的使用，对国家资源保护也有积极的作用。

钢网构架混凝土结构系统是由腹板开孔冷弯薄壁型钢制作的墙体钢骨架、楼板钢骨架、钢板网、保温复合板等构成钢网构架，在其间直接浇筑混凝土而形成的整体墙、板受力构件[1]，其构造见图3-13。其特点是钢构件有刚度、免拆模板，利用钢网构架本身实现对结构构件的成型与定位，并承受施工荷载，减少脚手架。钢构骨架的生产可实现标准化、工业化、装配化，大大减少人工、材料损耗，提高劳动生产率，加快施工进度，降低造价。显著地减少了通常与木材、胶合板或钢板等传统封闭模板对混凝土压力中的孔隙水压力及气泡的排除。外保温与钢模网相配套一次性装配，保证了保温层的质量，又减少了施工工序。

3. 工具模板应用

滑动模板（简称滑模）施工，是现浇混凝土工程的一项施工工艺。滑模施工时模板一次组装完成，上面设置有施工人员的操作平台。并从下而上采用液压或其他提升装置沿现浇混凝土表面，边浇筑混凝土边进行同步滑动提升和连续作业。滑模施工适用于外形简单整齐，上下壁厚相同的结构，故多用于高层建筑的竖向结构，如核心筒、剪力墙、框架梁和柱等。与常规施工方法相比，这种施工工艺具有施工速度快、整体结构性能好、机械化程度高、可节省支模和搭设脚手架所需的工料、能较方便地将模板进行拆模和灵活组装并可重复使用。滑模和其他施工工艺相结合（如预制装配、砌筑或其他支模方法等），可为简化施工工艺创造条件，更好地取得综合经济效益[2]。

爬升模板是一种以混凝土竖向结构为支撑，利用爬升设备自下而上逐层施工的工具型混凝土模板[3]。这种模板工艺结合了大模板和滑动模板的优点，适用于现浇钢筋混凝土竖直或倾斜结构施工，尤其适用于超高层建筑施工。爬升模板采用整层高度的大模板，以每一层楼层为施工单元，一次组装，由下至上逐层竖向施工，直到完成全部混凝土后再拆模[4]。这样做既免去了每层频繁拆模的繁琐，又可以保证混凝土构件的尺寸和表面的平整。爬升模板可分为"有架爬模"（即模板爬架子、架子爬模板）和"无架爬模"（即模板爬模板）两种。中国的爬模技术，"有架爬模"始于

① 淳庆，张宏，朱宏宇. 钢网构架混凝土复合结构住宅体系的关键技术研究综述 [J]. 工业建筑，2010（S1）：449-453.

② 张宏，朱宏宇，吴京，等. 构件成型·定位·连接与空间和形式生成——新型建筑工业化设计与建造示例 [M]. 南京：东南大学出版社，2016.

③ 陈青山. 高层住宅施工中爬模技术的应用 [J]. 住宅科技，2012（5）：48-50.

④ 王绍民. 我国模板技术发展现状、存在问题与对策建议 [C]// 中国建筑学会施工学术委员会模板与脚手架专业委员会 2012 年会. 2012-10-23.

20世纪70年代后期，在上海研制应用；"无架爬模"于20世纪80年代首先用于北京新万寿宾馆主楼现浇钢筋混凝土工程施工。已逐步发展形成"模板与爬架互爬""爬架与爬架互爬"和"模板与模板互爬"3种工艺，其中第一种最为普遍[①]。

第二节
钢筋混凝土构件分级装配

汽车、飞机等装备制造业已经实现了工厂化流水线作业，这些最终产品被分解为若干构件进行生产，而各构件的生产在时间上可以是平行的，在地点上可以是分离的，最终在工厂内实现统一的拼装。这一生产模式带来了生产效率与产品质量的极大提高，这也是装配式住宅的发展方向。但是，钢筋混凝土住宅的建造相比汽车、飞机的制造具有其特殊性，这些特殊性体现在：

（1）房子具有施工现场，工厂成型预制构件必须在项目现场完成装配；

（2）房子体量巨大，结构复杂，拥有结构体、围护体和内装设备体等，单一工厂的流水线无法一次完成；

（3）房子的使用主体通常不止一个，内部功能具有多样性，维护修缮相比汽车也要复杂。

综合上述装配式钢筋混凝土住宅的特殊性，采用分级装配的方法是保障装配式住宅快速健康发展的重要途径，也是促进建筑产业现代化形成的重要技术手段之一。分级装配的目的是使装配式住宅的构件更加具有层级性和逻辑性。

根据装配流程及装配内容的不同，应用构件拆分原理把整个住宅的建造过程分解为一级工厂阶段、二级工地工厂阶段、三级装配现场阶段。相同或同类构件组合在一起进行生产或装配。通过构件"拆解生产和再装配"的过程，使得单件生产的工厂能够获取批量生产的效率。一级工厂焊接钢筋构件，实现了构件高效运输；二级工地工厂组装生成大构件，实现吊装；三级工位结构体吊装，整体装配连接，浇筑商品混凝土，实现整体结构成型。

一、构件工厂化生产

钢筋混凝土装配式住宅的主体结构根据构件浇筑成型地点的不同可以分为两种，即工厂成型和现场成型。预制装配构件的生产加工流程主要由钢筋加工、混凝土配料、支模成型、后期养护几个环节组成。

---

① 李建平. 爬升模板施工技术 [J]. 城市建设理论研究，2013（11）：42-47.

1. 钢筋工厂化加工

钢筋是混凝土的受力骨架，主要用来提高混凝土抗剪和抗拉能力，因而是混凝土建筑结构的主要材料构件。在工厂进行构件混凝土浇筑前，钢筋需要按照一定的规格和形式置入模具中，称之为钢筋笼的制作。通过减少构件种类，形成几种通用的标准化钢筋笼，实现钢筋混凝土构件的标准化配筋，便于机械化自动生产钢筋笼。采用机械加工方式既可以提高构件制作精度，又能够实现工业化大批量生产。目前钢筋的工厂加工主要工序有：钢筋调直、钢筋剪切、钢筋焊接和钢筋弯曲成型，由于钢筋用量大、手工操作难以完成，因而采用专用的钢筋翻样和加工机械来进行操作。

依据钢筋加工过程的不同，通常分为钢筋调直切断机、钢筋弯箍机、钢筋网焊接设备和辅助装置等。通过调研，钢筋调直切断机的最小锯切长度为0.75m，最大锯切长度为12m。钢筋弯箍机的最大加工长度为12m，单根钢筋加工直径范围为$\phi 6 \sim 20$，双根钢筋加工直径范围为$\phi 6 \sim 10$，最大弯曲角度为±180°，钢筋网片经过折弯或弯曲加工可制成长方体、圆柱体及变异形体的箍筋笼[①]，大小范围为200mm×200mm~800mm×800mm。钢筋网焊接设备（图3-14）的网宽通常不大于3.3m（大型机械可达到6m），纵筋间隔不小于75mm，横筋间隔范围为50~400mm，最大焊接能力为12mm+12mm（表3-2）。通过上述专业机械设备制成钢筋成品供应给预制构件生产厂家，可以实现钢筋加工产品化。

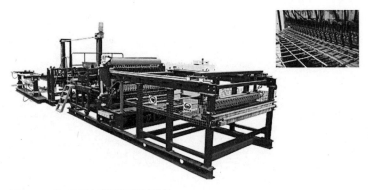

图3-14　GWCZ型自动钢筋网焊接设备

构件加工尺寸　　　　　　　　　　　　　　　　　　表3-2

型号	GWCZ2400	GWCZ2800	GWCZ3300
最大网宽（mm）	≤2400	≤2800	≤3300
纵筋间隔（mm）	50倍数递增	50倍数递增	50倍数递增
横筋间隔（mm）	50~600	50~600	50~600
纵筋直径（mm）	5~12	5~12	5~12
横筋直径（mm）	5~12	5~12	5~12
最大焊接能力（mm）	12+12	12+12	12+12
工作速度（次/min）	60~100	60~100	60~100
焊点数量	24	28	32
电力需求（kVA）	630	750	850
控制方式	工业级PLC可编程控制器+终端显示器		

[①] 刘伟. 钢筋加工商品化势在必行 [J]. 建筑机械化，2001，（6）：15-18.

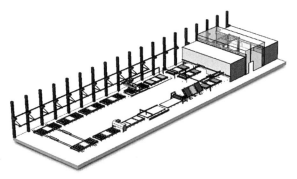

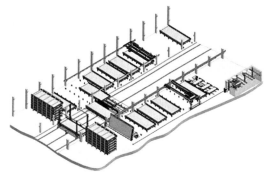

图3-15 平模机组流水工艺　　　　　　　　　　　　　图3-16 平模传送流水工艺

2．预制混凝土构件成型工艺

工厂预制混凝土构件典型的成型工艺技术包括：平模机组流水工艺、平模传送流水工艺、固定平模工艺、立模工艺、长线台座工艺、压力成型工艺。

1）平模机组流水工艺

生产线一般建在厂房内，适合生产板类构件，如民用建筑的楼板、墙板、阳台板、楼梯段，工业建筑的屋面板等。在模内布筋后，用吊车将模板吊至指定工位，利用浇灌机往模内灌注混凝土，经振动工具（或振动台）振动成型后，再用吊车将模板连同成型好的构件送去养护（图3-15）。这种工艺的特点是主要机械设备相对固定，模板借助吊车的吊运，在移动过程中完成构件的成型。

2）平模传送流水工艺

生产线一般建在厂房内，适合生产较大型的板类构件，如大楼板、内外墙板等。在生产线上，按工艺要求依次设置若干操作工位。模板自身装有行走轮或借助辊道传送，不需吊车即可移动，在沿生产线行走过程中完成各道工序，然后将已成型的构件连同钢模送进养护窑（图3-16）。这种工艺机械化程度较高，生产效率也高，可连续循环作业，便于实现自动化生产。平模传送流水工艺有两种布局：一是将养护窑建在和作业线平行的一侧，构成平面循环；一是将作业线设在养护窑的顶部，形成立体循环。

3）固定平模工艺

特点是模板固定不动，在一个位置上完成构件成型的各道工序。较先进的生产线设置有各种机械如混凝土浇灌机、振捣器、抹面机等。这种工艺一般采用上振动成型、热模养护（图3-17）。当构件达到起吊强度时脱模，也可借助专用机械使模板倾斜，然后用吊车将构件脱模。

4）立模工艺

特点是模板垂直使用，并具有多种功能。模板是箱体，腔内可通入蒸汽，侧模装有振动设备。从模板上方分层灌注混凝土后，即可分层振动成型。与平模工艺比较，可节约生产用地、提高生产效率，而且构件的两个表面同样平整，通常用于生产外形比较简单而又要求两面平整的构件，如内墙板、楼梯段等（图3-18）。

立模通常成组组合使用，称成组立模，可同时生产多块构件。每块立模板均装有行走轮。能以上悬或下行方式作水平移动，以满足拆模、清模、布筋、支模等工序的操作需要。

5）长线台座工艺

适用于露天生产厚度较小的构件和先张法预应力钢筋混凝土构件，如空心楼板、槽形板、T形

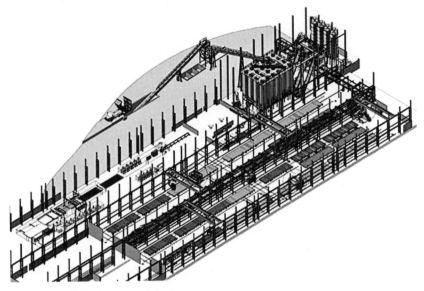

图3-17 固定平模工艺

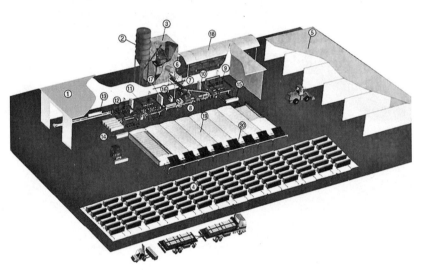

图例
1 生产车间
2 水泥仓
3 自动配料楼
4 成品板堆码场
5 原料存放库
6 储料仓
7 挤压成型系统
8 同步切割及二次切割系统
9 自动码垛及废板回送系统
10 回料输送装置
11 模板清洗及自动上模系统
12 板模分离系统
13 成品板打包装置
14 轨道式模板输送车
15 轨道式模板输送车
16 生产线总控操作台
17 电气控制系统
18 配料系统
19 初凝养护室
20 太阳能集热系统

图3-18 压力成型工艺

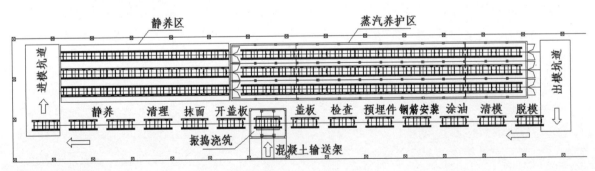

图3-19 长线台座工艺

板、双T板、工形板、小桩、小柱等。台座一般长100～180m，用混凝土或钢筋混凝土浇筑而成。在台座上，传统的做法是按构件的种类和规格现支模板进行构件的单层或叠层生产，或采用快速脱模的方法生产较大的梁、柱类构件（图3-19）。20世纪70年代中期，长线台座工艺发展了两种新设备——拉模和挤压机。辅助设备有张拉钢丝的卷扬机、龙门式起重机、混凝土输送车、混凝土切割机等。钢丝经张拉后，使用拉模在台座上生产空心楼板、桩、桁条等构件。拉模装配简易，可减轻工人劳动强度，并节约木材。拉模因无须昂贵的切割锯片，在中国已广泛采用。挤压机的类型很多，主要用于生产空心楼板、小梁、柱等构件。挤压机安放在预应力钢丝上，以每分钟1~2m的速度沿台座纵向行进，边滑行边浇注边振动加压，形成一条混凝土板带，然后按构件要求的长度切割成材。这种工艺具有投资少、设备简单、生产效率高等优点，已在部分省市采用。

6）压力成型工艺

压力成型工艺是预制混凝土构件工艺的新发展。特点是不用振动成型，可以消除噪声。如荷兰、德国、美国采用的滚压法，混凝土用浇灌机灌入钢模后，用滚压机碾实，经过压缩的板材进入隧道窑内养护。又如英国采用大型滚压机生产墙板的压轧法等也属于压力成型工艺。

构件工厂化实施专门化构件制作，优越性体现在：①确保构件加工的完整齐全性，避免后续工位因零件缺失造成窝工现象；②可充分推广工厂机械加工，提高构件加工质量和效率；③减少误差、方便精度控制；④实施专业化生产，提高产量，实现规模效应。

二、构件工地工厂化装配

全预制混凝土构件所构成的建筑系统，如装配式框架结构、装配式剪力墙结构，在施工现场拼装后，采用构件间竖向连接缝现浇、上下墙板间主要竖向受力钢筋浆锚连接以及楼面梁板叠合现浇形成整体的一种结构形式[1]。由于预制混凝土构件尺寸过大，重量过重，一般的吊装设备难以满足其安装条件，所以高层建筑中很难做到全装配式结构。

此外预制构件生产厂的建设周期较长，一次性投入的费用大，对于住宅产业化发展相对滞后的地区而言，基地建成后可能有产能过剩问题[2]。为解决上述问题，降低构件运输成本，可采用工地工厂的模式进行构件的生产施工。

在施工现场设置构件组装车间，目的是将远距离的构件厂生产出的零散构件组装成大型吊装构件。组装构件所用的设备均可搬迁、可移动，对原有场地影响小，机具设备一定条件下可在下一个项目重复使用。构件组装与现场装配信息可随时沟通，减少远距离一级构件厂与现场施工单位信息不对称产生的问题，工作更加高效，整体运作更加协调。

1．建厂实施条件

工地工厂在加工构件之前需要做相应的施工准备，首先根据建筑设计图纸及甲方相关要求，确认构件需求种类，根据建筑平面图构件部位、数量及尺寸，同时进行构件深化设计。然后统计构件数量，预估混凝土方量、最大构件重量等，同时根据施工方案，预估施工的进度、混凝土脱模时间，确定现场施工速度，编制构件产能计划。最后根据产能计划预估生产模具、装配平台、

① 许泽瑶，代婧．预制装配整体式剪力墙结构体系研究 [J]．城市建设理论研究，2014（36）：3831.

② 蒋竞进，涂晓．现场游牧式 PC 构件厂的建设及应用 [J]．施工技术，2016（10）：42-44，90.

图3-20 工地工厂

吊装设备等生产所需设备进场计划，确保构件生产能够满足建筑的施工工期要求。

2. 生产设备的确定

生产设备确定主要包括两个方面内容：①根据构件类型、数量统计及主体进度和构件生产周期，确定需要的台模或其他可移动模板的类型、数量；②依据项目施工工艺及现场实际条件，选择使用的模板形式、节点连接方法以及其他合适的辅助性生产设备。

3. 总平面布置

工地工厂按照生产工序及使用功能可以划分为构件生产区、养护区、成品堆放区、办公及生活区域。各区域的分布位置根据现场使用的吊装设备和施工场地形状确定（图3-20）。

在构件厂生产时，操作人员和设备固定在各个工位上，而构件却由一个工位移至另一个工位。模具中的构件按工艺流程规定的统一节奏推进，最后用吊车运出、堆放。布置应灵活多样，实用性强，投资较小，建设周期短，有利于中小城市或特殊项目建筑工业化的推广应用，且能够有效避免产能不匹配的问题。

成品堆放区域至少保证3层建筑构件的备货量。一般而言，对于条带状构件厂，多采用门式起重机作为构件运输工具，各区域按工艺流程顺序布置即可。而对于厂区较为规整的方形场地，则可选择塔式起重机配合施工。成品堆放区内各构件堆放位置应遵循越重构件距离吊装机械越近的原则，确保起重安全。采用短距离运输且运输设备小型化的方式，减少了构件运输损耗，降低了综合成本。

4. 工地工厂优势

工地工厂实现了构件吊装就位前的构件组合式预组装，利于构件尺寸大型化、多样化，通过优化节点避免了裂缝等质量通病。短周期、快流通的生产节奏，也有利于施工现场编制装配计划。能与现场紧密配合，及时发现并快速解决施工中的问题，便于质量控制。生产工人固定化，利于总包单位组织管理，不受第三方因素的影响。工地工厂作为装配式住宅发展的一种模式，实现了资源整合和工艺创新，起到了降低成本的作用，值得具备条件的项目推广应用。

三、构件现场装配式定位、连接

装配式住宅整体结构安全不仅与构件本身的质量有关，还与构件之间的连接状况紧密相关。在装配现场主要完成大型预制构件的吊装就位与连接。若连接的质量有缺陷，轻则使构件产生裂缝、渗漏等问题，严重的则会影响构件之间力的传递，从而引起安全方面的隐患[①]。所以接头处的构造设计不仅要保证在外荷载作用下自身的强度不能有任何问题，还要保证接头处的内力能顺利传递。

1. 构件定位

根据构件安装的方向进行定位。拆分图纸，确定固定构件的连接螺栓及连接件，安装前将连接套筒置于连接钢筋上。根据构件确定的标高，固定型钢、隔板与螺栓，用钢筋套筒进行钢筋连接。仪器工作员进行复核，通过水准仪及其他定位仪器进行检查，确保水平垂直度达到图纸安装要求。安全安装后放下吊机，进行构件加固连接。经常检查钢丝绳、钢链条、专用夹具、手动葫芦等安装工具。

2. 构件连接

构件与构件连接，在适当的位置预埋构件连接钢筋，节点及接缝处的钢筋连接宜采用机械连接（套筒连接）、套筒灌浆连接及焊接连接，也可采用绑扎搭接。

1）焊接接头

将构件接头部位预埋的钢板或型钢用锚固铁件焊在一起，用砂浆或混凝土作保护层（图3-21）。由于高温的作用，钢材的材质变脆，影响机械性能。焊接时产生的残余应力使结构发生脆性破坏。但是焊接连接有效避免了现场的湿作业，工序上也省去了养护时间，在一定程度上节省工期。

图3-21 焊接接头

2）机械接头

将接头部位预留孔洞或预埋螺母用螺栓进行连接，整个过程非常迅速（图3-22）。

3）套筒灌浆连接

被连接钢筋由套筒的端部插入，由灌浆机灌入高强度的灌浆

图3-22 机械接头

---

① 施凯凯. 预制装配式混凝土结构节点连接性能分析 [J]. 城市建设理论研究，2015（29）：1543–1544.

材料，当灌浆凝结硬化后，利用套筒内部的凹凸部分有效地将套筒和被连接钢筋结合成一体。由于灌浆材料具有无收缩性，确保了套筒内的填充部分充分密实（图3-23）。所以这种连接具有较高的抗拉和抗压强度[1]。

4）预应力接头

对预留钢筋或钢丝预应力张拉后将物件连接起来。无粘结预应力拼接节点耗能较小，损伤、强度损失和残余变形也较小。现场不再使用后浇混凝土等湿作业，而是使用新型的预应力筋直接进行构件的拼装（图3-24）。

图3-23 套筒灌浆接头

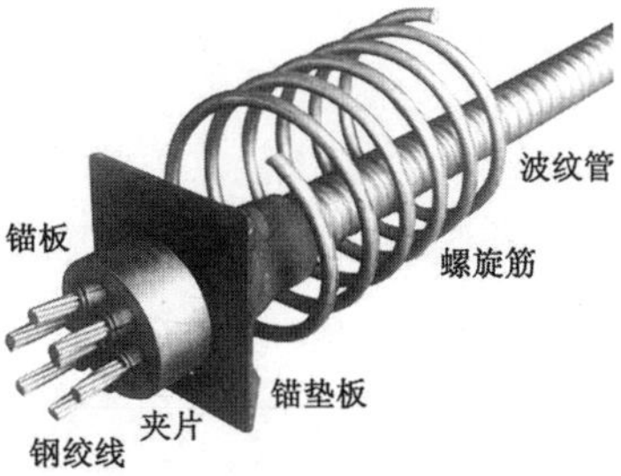

图3-24 预应力接头

3. 构件运送设备

为了保证预制成品构件在水平运输过程中不受损坏，国内外的混凝土预制件大多采用了专门的汽车运送。目前市面上使用的墙板、楼板运送车主要有两种。一种是外挂式，载重量为16t，适用于内外墙板和大楼板的运送（图3-25）。这种运送方式是将墙板或楼板靠放在车架两侧，板顶吊环与车架顶部用绳索拉紧固定。另外一种是内插式墙板运送车，载重量为40t，适用于内外墙板的运送，将墙板插放在车体货厢内部，与支架连接固定（图3-26）。这两种运送车相比，外挂式有起吊高度低、装卸方便、速度快和有利于构件成品及外饰面保护等优点，而内插式具有装载构件数量多、载重大的优点。

4. 现场定位装备

1）现场吊装设备

国内外混凝土预制构件的吊装设备基本相同，均采用建筑领域常用的塔式起重机、履带式起重机和汽车起重机等各种起重机械[2]。由于混凝土预制构件装配需要定位准确，这就对起重机械的

图3-25 外挂式构件运送方式

图3-26 内插式构件运送方式

① 叶娟. 预制装配式混凝土结构节点连接性能分析 [J]. 科技风，2015（15）：118–122.
② 姜卫杰. 建筑施工学习指导 [M]. 武汉：武汉工业大学出版社，2000.

图3-27 墙板插放架

图3-28 多用途吊具

吊运精度和微调功能提出高要求。通用起重机械难以满足这一要求，需要对吊装机械进行改造，实现预制构件精准定位。

2）现场吊装配件

在混凝土预制构件现场吊装阶段，结合预制件生产时预留的吊挂点，还需要一些辅助的吊装配件完成预制构件快速吊装，如墙板插放架、多用途吊具等（图3-27、图3-28）。

5．构件现场固定工具

1）配筋固定连接装置

钢筋加固连接装置是将两根钢筋棒通过夹紧作用连接起来，传递拉力及压力。它特别适用于替代焊接实现预制构件配筋和与建筑物主体配筋的连接，可提高配筋连接质量，方便施工，加快施工进度。

2）智能化固定安装部件

各类高强度导轨、固定插件、预制板锚固装置在预制构件之间实现连接或预固定，现场固定工具具有微调功能，可以弥补制造和安装误差，方便连接和固定，提高工作效率。

3）预制构件装配固定部件

斜支撑用于预制板安装时的固定，而立杆是用于水平预制板安装时的支撑。由于立杆有特殊的调节器和紧固系统，使其有快速的可调节性。钢铁制成的耐久性立杆，其环氧涂层能有效防止腐蚀。

6．构件吊装

吊装柱构件时要注意柱与基础、柱与柱的连接，一般采用预留孔插筋法施工。由于预制柱下部设置锚固钢筋，起吊前必须安装柱靴对其进行保护，确保预留钢筋在起吊过程中不发生变形。吊装前对柱底进行砂浆找平，在柱根中部放置钢板垫块并进行标高复核，以保证预制柱的标高正确。浇筑混凝土前用经纬仪对柱子两个方向进行垂直度校正。吊装梁构件时，吊环应有足够的长度以保证吊索和梁之间的水平夹角不小于45°；将梁放置在临时支撑横肋上，并调整位置，横肋上要放置定位扣件，便于构件安装准确；卸下吊钩，吊车进行下一根梁吊装。楼板构件板吊装前应再次检查支撑标高，校对预制梁之间的尺寸，并作相应的调整。检查无误后，在预制梁两侧用高强度等级水泥砂浆坐浆[1]。预制板吊装可以单块四点吊装，也可以两块起吊。吊装时应从一边开始，安放时应缓慢下放，避免冲击力过大，导致板开裂，就位后分别用撬棍精确调整。当一跨板吊装结束后，要对板整体校正，以确保其平整度[2]。

第三节
装配式钢筋混凝土住宅的构件组合特点

混凝土住宅组合结构指的是由混凝土结构构件分别与木或钢两种材料构件组合而成的混合结构构件组。在处理好不同材料构件间连接强度、耐久性匹配问题的前提条件下，组合结构能够充分发挥木材、钢材和混凝土构件材料各自的性能优点，弥补各自缺点，充分发挥混凝土抗压强度高，防水、防火、抗渗性能强，耐久性好的特点。混凝土组合结构住宅主要分为木-混凝土组合结构以及钢-混凝土组合结构，这类组合结构房屋的木、钢结构构件均在工厂预制，现场进行构件连接和浇筑混凝土工作。

一、混凝土结构与木结构构件组合运用

木-混凝土组合结构发挥了木与混凝土两种材料构件的优良性能——木材构件重量轻，并具有良好的强度，而混凝土构件则具有优良的抗压强度和较大的刚度。

1. 主要结构形式

传统木结构房屋的耐久性问题通常发生在主体结构与地面交接的一层部分，因为这部分结构较易遭受雨水的滴溅、白蚁的侵蚀和人为等其他因素的干扰，需要额外采取特殊的预防措施。针对这一问题，木-混凝土组合结构形式改为木-混凝土上下组合的形式，即上部为木结构、下部为混凝土框架（或框剪）结构，如图3-29所示。上部木结构与下部混凝土框架结构

图3-29 木-混凝土上下组合结构

① 曹杨. 建筑工业化中的生产和安装设备发展现状 [C]// 中国建筑学会建筑施工分会. 2015 全国施工机械化年会论文集. 2015：209-212.

② 肖晖，马翔宇. 试论全预制装配式高层住宅楼的施工及质量控制 [J]. 建筑设计，2016（4）：122-123.

图3-30 木-混凝土组合结构住宅　图3-31 Marselle住宅

通过预埋在混凝土框架中的锚栓和抗拔连接件连接，实现木结构中水平剪力和木结构剪力墙在边界构件中力的传递。与下部混凝土结构相比，上部木结构的质量较轻，因此木-混凝土上下组合结构具有下重上轻、下刚上柔的非均匀结构特点[①]，同时又解决了传统木结构在一层近地面部分耐久性差的问题。

　　木-混凝土上下组合结构在北美、欧洲等一些国家已经得到了广泛应用，如在加拿大温哥华，轻木-混凝土组合结构已经成为一种典型的住宅建筑，通常为底层是混凝土结构车库、上部两层是轻型木结构的住宅（图3-30）。2009年在美国西雅图建成的高达26m名为"Marselle"的7层轻木-混凝土组合结构公寓，其下部2层为混凝土结构、上部5层为轻型木结构（图3-31）。该建筑的设计和建设，为加拿大不列颠哥伦比亚建筑规范（British Columbia Building Code，简称BCBC）的修订提供了强有力的工程依据。同年，北美学者在日本Miki振动台试验室进行了足尺的6层轻型木结构试验，试验表明：在地震作用下，6层轻型木结构建筑表现出了很好的抗震性能。

2．木-混凝土组合结构的特点

　　随着可持续发展理念得到深入认识，木材在材料构件形成过程中可以吸收二氧化碳，在回收过程中可再生、易降解，因而得到重视。但从工程结构角度出发，单纯的木结构构件依然不适合受拉，因而在跨度和结构形式上有诸多约束条件。木-混凝土组合结构有以下几个特点：

　　（1）与混凝土结构相比，木-混凝土组合结构具有可再生、加工时低耗能的优点，使其成为比较生态环保的结构。

　　（2）与其他结构相比，木-混凝土组合结构具有较大的单位重量承载力，同时弹性、韧性好，能承受冲击和震动作用，使建筑具备了坚固耐用的特性，而且密度小、质量轻、方便安装。

　　（3）与木结构相比，组合结构的经济效益更好。当木和混凝土用可靠的剪力连接件连接共同作用时，承载力大约是传统木结构的3倍，抗弯刚度是传统木结构的6倍左右[②]。

　　（4）木-混凝土组合结构的自重较轻，基础的建设费用得以减少。在施工期间也可以节省脚手

---

① 何敏娟，罗文浩. 轻木-混凝土上下组合结构及其关键技术 [J]. 建设科技，2015（3）：30-32.

② 彭虹毅，胡夏闽. 木-混凝土组合梁概述 [J]. 江苏建筑，2010（3）：43.

架和模板，缩短了施工周期。综合造价也大幅降低。

（5）木-混凝土组合结构有良好的防火性能，与传统木结构相比，混凝土成为预防火灾有效的屏障。

（6）木材可有效降低楼板撞击时噪声的传播。随着居民生活水平的不断提高和住宅产业的大规模发展，隔声问题日益突出。木-混凝土组合楼板有良好的隔声特性，能有效阻隔噪声的传播。

（7）木-混凝土组合结构导热性差，具有良好的保温隔热性能，良好的电绝缘性以及优越的抗化学腐蚀性能。木材很容易与建筑周围环境取得和谐统一，使人享受到宁静生活的愉悦。

3．连接方法和构造要求

木结构与混凝土结构通常采用预埋钢靴、预埋插入钢筋的方式进行连接，必要时还需要运用焊接等其他的方法提高节点的强度。

钢靴预埋法主要运用在木结构与混凝土柱的连接，钢靴可由一定厚度的钢板加工而成，依靠着钢靴口的木榫连接到木梁。在连接的过程中，所使用的木梁和钢筋混凝土柱尺寸的大小是根据榫头尺寸的大小来确定的，然后再进行焊接和固定。在木构件、混凝土和木材的接触面上必须涂刷木材防腐剂，同时加柔性橡胶垫片，这样可以增加木材的抗腐蚀性和耐久性[1]。

预埋钢筋插入法主要应用在屋顶的木桁架和混凝土梁架的连接。预埋钢筋插入法主要是通过嵌入一个个具有一定间距的钢筋来完成的。混凝土浇筑前，首先要将植入木结构的钢筋与混凝土结构中的钢筋进行连接绑扎。在安装木桁架的时候，木桁架要按照预埋钢筋之间的距离事先钻孔留洞，然后插入预埋钢筋，再在孔洞处用水泥砂浆填缝[2]。

二、混凝土结构与钢结构构件组合运用

钢-混凝土组合结构包括压型钢板与混凝土组合板、钢-混凝土组合梁、型钢混凝土柱、钢管混凝土柱以及钢板剪力墙等各种钢材与混凝土的组合，这类组合兼备钢结构安装方便、施工周期短的优势，因此被大量的高层建筑住宅所采用。

1．主要结构形式

钢-混凝土组合结构最主要的构件形式是型钢混凝土柱构件以及钢管混凝土柱构件。

型钢混凝土柱构件是指在型钢周围配置钢筋，并浇筑混凝土的结构柱。外包的混凝土能够防止内部钢构件的局部屈曲，并能提高钢构件的整体刚度，显著改善钢构件平面扭转屈曲性能，使钢材的强度得以充分发挥。

钢管混凝土结构构件是指钢管中填充混凝土，所用钢管一般为薄壁圆钢管。一般混凝土中不再配置纵向钢筋。工程中常用的几种截面形式有圆形、正方形和矩形。根据钢管作用的差异，钢

---

① 邱建平．木结构与混凝土结构组合在仿古建筑中的应用探讨 [J]．江西建材，2015（21）：57，63．

② 王越．浅谈钢与混凝土组合结构设计 [J]．山西建筑，2008（34）：91-92．

管混凝土柱又可分为两种形式：一是组成钢管混凝土的钢管和混凝土在受荷初期即共同受力；二是外加荷载仅作用在核心混凝土上，钢管只起对核心混凝土的约束作用，即所谓的钢管约束混凝土。受压的钢管刚度低，容易发生局部屈曲，所填充的混凝土增加了钢管的侧向刚度，从而提高了结构所承受的极限压力。薄壁钢管对混凝土形成一个紧箍，提高了混凝土的抗压强度，另外钢管混凝土结构支模、施工速度快，抗震性能也很好。

2. 钢-混凝土组合结构的特点

（1）钢-混凝土组合结构构件的承载能力高于同样外形的钢筋混凝土构件的承载能力，因此可以减小构件的截面，对于住宅建筑，可以增加套内使用面积和净高度。

（2）相比钢筋混凝土结构的施工工期，钢-混凝土组合结构构件的施工工期有所缩短。型钢混凝土柱在混凝土浇灌前已形成钢结构，能够承受构件自重和施工时的活荷载，并可将模板安装在型钢上，从而加快支模速度，无须等混凝土达到一定的强度也能够继续向上层施工。

（3）钢-混凝土组合结构由于添加了钢骨构件，其延性比钢筋混凝土结构明显提高，尤其是实腹形的构件，因此在地震作用力中此种结构呈现出优良的抗震性能。

3. 连接方法和构造要求

钢-混凝土组合结构的梁柱连接采用构造简单、传力明确的方式，型钢混凝土组合结构的梁柱连接可采用以下3种形式：①型钢混凝土柱与型钢混凝土梁的连接；②型钢混凝土柱与钢筋混凝土梁的连接；③钢筋混凝土柱与型钢混凝土梁的连接。型钢混凝土柱与各类梁的连接均宜采用柱钢骨贯通型，尽量减少梁纵筋穿过型钢腹板的数量，从而减少柱型钢腹板因开孔而造成的截面损失率。梁内型钢与柱内型钢在节点内应采用刚性连接。目前梁柱型钢的现场连接主要采用两种方式，即栓焊混合连接和全螺栓连接[1]。

对于钢管混凝土构件的连接以焊接和螺栓紧固连接为主，连接的受弯承载力设计值和受剪承载力设计值，分别不应小于相连构件的受弯承载力设计值和受剪承载力设计值。采用高强度螺栓时，应采用摩擦型高强螺栓，不得采用承压型高强螺栓。采用钢筋混凝土楼盖时，梁、板受力钢筋不应直接焊接于钢管壁上。在钢管内宜减少设置横向穿管、加劲板（环）和其他附件，减少对管内混凝土浇灌的不利影响[2]。

---

① 胡轶敏，尉彤华，徐少华，等. 型钢混凝土梁柱刚性节点构造 [J]. 浙江建筑，2007（7）：27.

② 中华人民共和国住房和城乡建设部. 钢管混凝土结构技术规范：GB 50936—2014[S]. 北京：中国建筑工业出版社，2014.

装配式钢筋混凝土住宅结构类型总结和发展方向

一、装配式钢筋混凝土住宅结构类型总结

1. 适用建设层数

参考相关规范数据，钢筋混凝土结构的适用建设层数如表3-3所示。

钢筋混凝土住宅结构类型及适用层数　　　　　　　　　　表3-3

结构类型 ＼ 适用建设层数	3层及以下的住宅	4~6层多层住宅	7~12层中高层住宅	13层及以上高层住宅
预制装配式框架结构	√	√	√	
木-混凝土组合结构	√	√		
预制装配式剪力墙结构			√	√
预制装配式框架结构	√		√	
预制装配式框架剪力墙结构	√	√	√	
装配式刚性钢筋笼结构	√	√	√	√
"空中造楼机"现浇装配式结构			√	√
钢-混凝土组合结构			√	√

注：各类结构的最大适用高度请依据当地抗震设防要求执行，中国区内请参照《建筑抗震设计规范》GB 50011—2010、《高层建筑混凝土结构技术规程》JGJ 3—2010和地方标准。

2. 评价

装配式钢筋混凝土住宅结构类型评价如表3-4所示。

装配式钢筋混凝土住宅结构类型评价　　　　　　　　　　表3-4

结构类型	预制构件	优点	缺点
现浇剪力墙预制外挂板墙工法体系	外墙（非承重墙）、叠合楼板、阳台预制、空调板预制楼梯	1. 外墙预制施工难度较低 2. 成本较低	1. 含钢量较高 2. 室内露梁
预制装配式剪力墙工法体系	预制剪力墙叠合楼板、阳台预制楼梯	1. 外墙参与受力计算 2. 室内无梁柱突出 3. 工业化程度较高	1. 施工难度较大 2. 施工要求较高
叠合板混凝土剪力墙工法体系	双向板墙体叠合楼板、阳台预制楼梯	1. 施工简便 2. 整体性好	1. 室内自由度不高 2. 墙体较厚
预制装配式框架结构工法体系	柱（柱模板）叠合梁、外墙、楼板阳台、楼梯	1. 内部空间自由度高 2. 工业化程度高	1. 室内露梁、柱 2. 成本较高 3. 建造高度受限制
预制装配式框架剪力墙工法体系	柱（柱模板）叠合梁、楼板剪力墙（可现浇）预制楼梯	1. 内部空间自由度高 2. 工业化程度高	1. 室内露梁、柱 2. 高度限制

结构类型	预制构件	优点	缺点
装配式刚性钢筋笼结构工法体系	剪力墙、柱、梁、楼板、外墙（非承重墙）	内部大空间可灵活划分、工业化程度高、整体性好、建造高度不受限制	1. 含钢量较高 2. 施工要求较高
"空中造楼机"现浇装配式建造工法体系	剪力墙、柱、梁、楼板、外墙	减少人工，整体性好	施工要求较高
木-混凝土上下组合结构	上层柱、梁、板木构件，下层柱、梁钢筋混凝土构件	生态环保，自重轻	施工要求较高
钢-混凝土组合结构	型钢、钢管等钢构件	1. 承载力高 2. 抗震性强	含钢量较高

二、装配式钢筋混凝土住宅发展方向

未来装配式钢筋混凝土住宅的发展必然是以适宜技术和高科技技术为手段，努力实现健康性、人文性、低碳性、智慧化、可改造性融合为目标的新型住宅。

1. 结构类型多样化、组合化

装配式钢筋混凝土结构技术在不断地优化和完善，一些符合工业化生产特点的新型装配式建筑技术越来越多地纳入到装配式建筑产品系统中。这种更新和完善一方面推动了钢筋混凝土结构在大量性建筑和市政工程中实现工业化、产品化；另一方面促进了钢筋混凝土结构与木、钢材料构件组合应用到项目中。装配式建筑技术不再是单一技术或某几项技术的集成，而是走向全面建筑系统的集成。

2. 建筑密度逆向转化

随着社会的发展、城市化进程的加快，土地变成稀缺的资源，于是开发商想尽办法降低开发成本，在有限的土地上提高建筑密度，住宅越建越高，低层变多层，多层变高层。在这样土地资源紧张、人口基数庞大的社会现实下，高层住宅的存在无疑大大缓解了住房需求带来的压力。但是高密度住宅的大量建设，带来了居住舒适性差、运营维护成本高、火灾扑救难度大等一系列问题，反观已经成熟的北美、日本、澳洲等发达国家住宅市场不难看出，他们的住宅采用三层以下的低密度独栋、联排别墅为主，多、高层高密度公寓为辅的结构类型。这种住宅独立建设和独立运营的发展方式，给住户带来的切实利益是长期持有和超过百年的建筑使用寿命。因此，逐步减少高层钢筋混凝土的建筑数量，逐步发展材料可循环利用、环保性好的轻型结构住宅产品，推进中、低层建筑的产业化应用势在必行。

3. 灵活的空间变化

住宅空间内往往承载着一代人甚至几代人的生活，随着家庭成员年龄的增长，生活方式、习惯和对住宅空间的需求也会发生变化。而建筑技术和产品的创新使得空间可变得容易实现。减少住宅内部承重隔墙的使用并且尽量增加装配式构件的数量，为设计和建造空间可变住宅提供更多的选择和条件，赋予住宅空间更多的功能，提高空间的利用效率。

案例分析

案例一

常州武进绿博园揽青斋项目

1. 工程概况

全工业化装配式示范屋揽青斋项目位于住房和城乡建设部发函设立的常州市武进区绿色建筑产业集聚示范区内，延政西路南侧，龙江南路高架东侧。总建筑面积721m²，是一幢3层现浇工法钢筋混凝土框架结构住宅。工程抗震设防烈度为7度，其中建筑一、二层为起居、居住部分，层高4.0m，标准层建筑面积为283m²。三层为餐厅部分，层高6.0m，建筑面积为155m²。揽青斋平面呈正方形，建筑物总长和总宽均为17.04m，总建筑高度15.05m（图3-32）。

本工程自2015年6月15日开工，6月24日完成基础施工，7月15日完成一层地坪浇筑，8月6日混凝土主结构封顶，8月13日围护外墙板安装完工，9月6日三层钢结构阳光房封顶，11月3日室内装修完工，11月20日室外疏散楼梯安装完工，2015年11月22日完成全部土建、内部装修、设备安装、室外环艺施工，投入示范展览和使用。

2. 装配化建造技术系统与施工工法

本工程基础采用钢筋混凝土独立基础，建筑一、二层属于基本功能体，采用钢筋混凝土框架结构，三层属于扩展功能体，采用钢结构（图3-33、图3-34）。预制技术在本工程的应用范围如下：

（1）一、二层基本功能体中的柱构件、梁构件、板构件采用装配式建筑工程集装架装备施工；

（2）一、二层基本功能体中的围护体外墙板构件采用预制钢筋笼和墙板钢模具工厂化预制加工；

图3-32 常州武进绿博园全工业化装配式示范屋揽青斋项目实景图

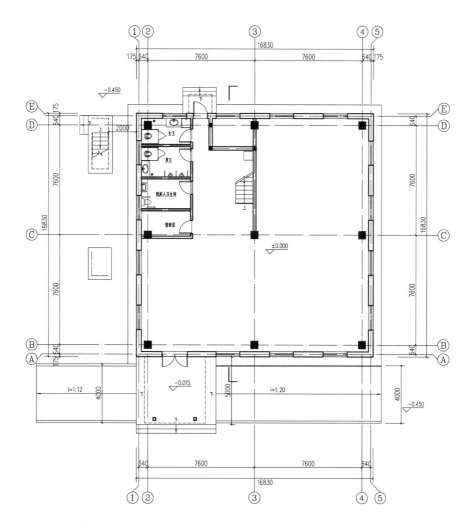

图3-33 揽青斋项目一层平面图

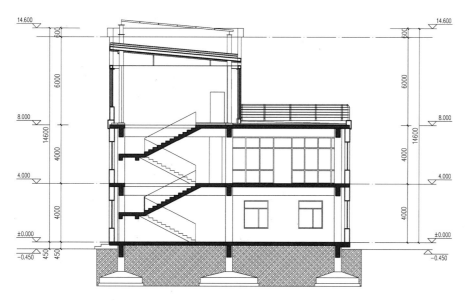

图3-34 揽青斋项目剖面图

图3-35　装配式建筑工程集装架　　　　　图3-36　预制装配钢筋混凝土外围护墙体

（3）三层独立式扩展功能体的钢结构阳光房；

（4）独立式室外消防疏散预制钢结构楼梯以及入口钢结构雨篷。

柱构件重复率100%，梁构件重复率100%，板构件重复率75%，外墙板构件重复率78.3%，楼梯构件重复率100%。

该建筑应用了装配式建筑工程集装架装备系统，该系统是在钢筋混凝土结构构件浇筑成型过程中，利用模架装备分别实现竖向和横向构件定位、定型、辅助脱模、模板周转等过程。该集装架由立杆、横杆、斜杆与集装节以销连接形成立方格构体块，以机械化方式完成整体预装、搬运、吊装、定位、定型、合模、脱模的全过程周转性施工，达到减少搬运、安全操作、避免损耗、节约环保、精准施工的目的[①]。该集装架能够在执行现行高层现浇钢筋混凝土结构规范下，采用装配方式实现结构构件整体成型（图3-35），已通过江苏省住建厅举办的《工程集装架规程》专家评审形成企业标准。

预制装配钢筋混凝土外围护墙体产品采用工厂模具预制浇筑成型，现场连接装配的方式。该围护墙体为非承重外挂墙体，固定于建筑结构体外表面，采用组合连接形成外围护墙体（图3-36）。该预制墙体根据是否开门窗洞口分为两种规格，由外到内依次为预制墙件、空气间层、复合保温板、内墙板，可集成绿色技术与太阳能设备、遮阳构件、绿化种植台进行结合，形

① 刘聪、张宏、朱宏宇，等. 装配式绿色建筑设计——武进绿博园揽青斋项目建造示例 [J]. 城市建筑，2017（5）：33-35.

成一体化墙板，具有较好的保温、隔热等物理性能。

揽青斋项目正是基于这两套工法装备技术，探索实现钢筋构件加工和装配装备装配化、钢筋混凝土构件定型装备装配化、钢筋混凝土构件现场装配定位装备装配化，从而实现装配化建造模式。

3．装配率计算

本工程主体结构及外墙板、楼梯均采用装配式混凝土构件施工，根据《江苏省装配式建筑预制装配率计算细则》的计算办法，最终装配预制率达到84.5%（表3-5）。结构体预制混凝土体积达到224.44m³，混凝土外挂墙板体积达到85.84m³。

揽青斋项目预制装配率计算 表3-5

	技术配置选项	项目实施情况	体积或面积	对应部分总体积或面积	权重	比值
主体结构和外围护结构预制构件Z1	预制柱	实施	18m³	18m³	0.5	38%
	预制梁	实施	44.304m³	44.304m³		
	预制叠合板	实施	105.7m³	162.14m³		
	预制密肋空腔楼板	无	0	0		
	预制楼梯板	无	0	0		
	预制阳台板	无	0	0		
	预制空调板	无	0	0		
	混凝土外挂墙板	实施	85.84m³	85.84m³		
	预制女儿墙	无	0	27.62m³		
	小计		253.844m³	337.904m³		
装配式内外围护构件Z2	玻璃隔断	实施	28.08m²	28.08m²	0.3	27%
	木隔断墙	无	0	0		
	蒸压轻质加气混凝土墙板	实施	277.92m²	312.14m²		
	钢筋陶粒混凝土轻质墙板	无	0	0		
	小计		306m	340.22m		
内装建筑部品Z3	集成式厨房	无	0	0	0.2	16%
	集成式卫生间	实施	8m³	38.4m²		
	装配式吊顶	实施	318.12m³	460.36m²		
	楼地面干式铺装	实施	421.57m²	460.36m²		
	装配式墙板（带饰面）	无	0	0		
	装配式栏杆	无	0	0		
	小计		747.69m	959.12m		
创新加分项S	标准化、模块化、集约化设计	标准化的居住户型单元和公共建筑基本功能单元	1%	—		3.5%
		标准化门窗	0.50%	0.50%		
		设备管线与结构相分离	0.50%	0.50%		

技术配置选项		项目实施情况	体积或面积	对应部分总体积或面积	权重	比值
创新加分项S	绿色建筑技术集成应用	绿色建筑二星	0.50%	0.50%	3.5%	
		绿色建筑三星	1%	—		
	被动式超低能耗技术集成应用		0.50%	—		
	隔震减震技术集成应用		0.50%	—		
	以BIM为核心的信息化技术集成应用		1%	1.00%		
	装配化施工技术集成应用	装配式铝合金组合模板	0.50%	0.50%（工程集装架）		
		组合成型钢筋制品	0.50%	0.50%		
		工地预制围墙（道路板）	0.50%	—		
预制装配率=Z1+Z2+Z3+S					84.5%	

4. 绿色建筑技术实施内容

1）大跨度空间可变实现技术

大跨度空间可变技术通过取消建筑内部的横纵分隔墙，保留作为承重结构的墙体和相对固定的厨房、卫生间，使得其他功能空间可以灵活布置，有效减少传统建筑空间开间小、进深短带来的空间局限、可使用面积小、不能灵活变动的不利影响（图3-37）。此外，大跨度空间可变技术由于采用大型化的构件建造，总构件数量减少，有利于项目建造效率的提高。

2）管线分离易维修技术

该建筑利用吊顶面板和水平楼板之间的空间，在建筑周圈布置线缆，同时利用楼地面和架空地板之间的悬空空间布置房屋线缆，使主体结构与管线相分离，保证内装部品和设备在建筑物使用寿命期间内，进行2~4次的内装升级修改施工。

图3-37 揽青斋项目室内透视

3）自然能源利用技术

该建筑屋顶设置某知名薄膜太阳能光伏组件72块，单块组件发电峰值功率为125Wp，总装机容量达到9000Wp，节能率达到65%。标准化外窗系统应用量达到100%，采用双层中空玻璃。在设计阶段就考虑绿色建筑设计，目前得到国家二星级绿色建筑设计标识。

4）整体式卫浴系统技术应用

该栋建筑的卫生间是采用工业方式生产的标准化整体卫生间，两个工人干法施工4h，即可将工厂生产的组件在现场完成一套整体浴室的安装。整体一次模压成型的SMC底盘杜绝渗水漏水的可能，因此土建卫生间楼面无须再单独做防水工程，只需对安装整体浴室区域楼面做水平处理①。

案例二

南京江宁上坊6-05栋公共廉租房项目

1. 工程概况

该项目位于南京市江宁区老镇东麟路东与104国道之间，为南京上坊6-05栋，建筑高度为45m，地下1层，地上15层（图3-38）。整栋建筑总建筑面积为10568.3m²，其中地下建筑面积为680.6m²，地上建筑面积为9887.7m²。地下一层为自行车库，底层为架空层，2~15层为公共租赁住房，共计196套。

图3-38　南京上坊保障性住房6-05栋实景图

---

① 曹祎杰. 工业化内装卫浴核心解决方案——好适特整体卫浴在实践中的应用 [J]. 建筑学报，2014（7）：53-55.

每套廉租房按单室套型设计，套内面积约33m²，配备可供起居和休息的房间、厨房、卫生间及阳台，满足日常生活的需要（图3-39）。每套廉租房均按照成品房标准设计，装修一次到位，每户均配备阳台壁挂式分体太阳能热水系统。

建筑结构为全预制装配整体式框架-钢支撑结构高层建筑，基础形式为桩基础。本项目PC结构于2012年10月13日封顶，二次结构于2012年12月16日全部完成，2012年12月26日通过主体结构验收，2013年7月20日正式完成整个项目并交付使用。

方案设计阶段为最大限度地实现标准化，将不规则的公共区域布置于建筑的两端，中间采用标准的户型模块单元，梁、板、柱统一尺寸，提高预制构件模具的周转次数，统一建筑部品构件的标准化程度，实现预制构件的"构件类型最少、数量最少"，充分发挥了工业化建造建筑的优势，最大限度地提高效率降低成本。采用工业化建造建筑的经济性特点在这栋建筑得到较好的体现（图3-40）。

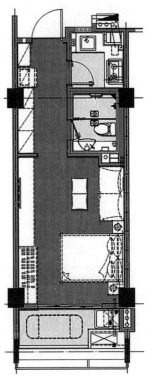

图3-39　标准户型模块平面

2．装配化建造技术系统与施工工法

1）采用预制装配整体式框架钢支撑结构系统

本工程为全预制装配结构，装配化构件的范围：结构主体竖向构件采用预制混凝土框架柱；梁采用预制混凝土叠合梁；楼板采用预制预应力混凝土叠合板；抗侧向构件采用钢支撑；楼梯采用混凝土预制楼梯；阳台采用预制叠合阳台板，阳台隔板采用预制K板；内外填充墙采用NALC板；整体装配式卫生间[①]。

在国家标准《预制预应力混凝土装配整体式框架结构技术规程》JGJ 224—2010（简称"世构体系"）的基础上，对预制装配系统进行了创新，采用了全新的预制装配整体式框架钢支撑体系（图3-41）。该系统的采用提高了结构的整体抗震性能，同时提高了建筑的预制装配率。

2）预制装配系统中预制柱内钢筋采用直螺纹套筒连接技术

经过调研以及学习日本的连接技术，决定率先采用直螺纹套筒灌浆连接技术，此连接方式相对于传统预制构件内浆锚搭接连接方式具有连接长度大大减少、构件吊装就位方便的特点。灌浆

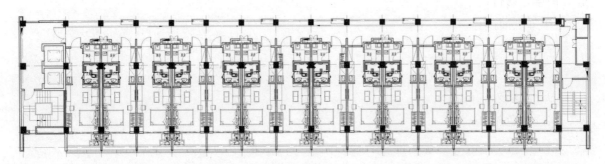

图3-40　6-05栋标准层平面图

---

① 吴敦军，汪杰，李宁. 预制装配技术在高层建筑中的应用研究 [J]. 工程建设与设计，2012（7）：197-190，194.

图3-41　钢支撑　　　　　　　　　图3-42　预制柱灌浆套筒

料为流动性能很好的高强度材料，在压力作用下可以保证灌浆的密实性，已经通过大量试验证实套筒灌浆连接方式可以达到钢筋等强连接的效果（图3-42）。

预制柱内套筒钢筋的连接长度仅仅为8d（连接长度需满足《预制预应力混凝土装配整体式框架结构技术规程》要求的搭线长度33d×1.6=52.8d，预留钢筋长度达1.3m，不方便构件的预制、运输、吊装），现场预制柱吊装后采用专用的灌浆料压力灌注，灌浆料的28天强度需大于85MPa，24h竖向膨胀率在0.05%~0.5%，通过大量试验验证套筒灌浆连接技术是可靠的，2014年10月1日颁布的《装配式混凝土结构技术规程》JGJ 1—2014中规定套筒灌浆连接技术为首选连接方式。

直螺纹套筒灌浆连接技术在该项目中的应用和实施，为今后全面推广应用直螺纹套筒灌浆连接技术积累了工程实际经验。

3）预制柱由多节柱改为单节预制柱

《预制预应力混凝土装配整体式框架结构技术规程》JGJ 224—2010中规定可以采用多节柱，但是通过对构件及节点的研究发现采用多节柱时主要存在如下问题：

（1）多节柱的脱膜、运输、吊装、支撑都比较困难；

（2）多节柱吊装过程中钢筋连接部位易变形，导致构件的垂直度难以控制；

（3）多节柱梁柱节点区钢筋绑扎困难以及混凝土浇筑密实性难以控制。

经过研究并学习国内外先进的预制装配技术，认为多节预制柱应用于高层建筑中的垂直误差控制较难，施工累计误差会影响到结构的安全，同时节点抗震性能难以保证。所以决定将多节柱改为单节柱（图3-43），每层可以保证柱垂直度的控制调节，进而也使建筑的预制装配构件完全标准化，从制作、运输、吊装均采用标准化操作，简单，易行，保证质量可以控制。

4）外立面预制柱顶及预制外框架梁外侧增加预制混凝土（PC）模板，完全取消了外脚手架及外模板

为了取消外脚手架、外围模板及外立面抹灰，实现绿色施工，本项目结合预制剪力墙板PCF（Precast Concrete Form）原理，在预制边柱及预制边梁外侧设计与构件一体的混凝土外模板，现场无须再支外模板，施工速度大大提高，体现了本项目集成设计创新的特点。

图3-43　单节预制柱

预制边梁混凝土外模板

预制边柱混凝土外模板

图3-44 预制混凝土柱、梁外模板

叠合板外
连接筋

图3-45 预制预应力混凝土叠合板

PCF混凝土外模板在以往工程中常用于预制叠合剪力墙中，预制叠合剪力墙是一种采用部分预制、部分现浇工艺生产的钢筋混凝土剪力墙。其预制部分称为预制剪力墙板（PCF），在工厂制作养护成型运至施工现场后，和现浇部分整浇。预制剪力墙板（PCF）在施工现场安装就位后可以作为剪力墙外侧模板使用。预制框架结构中柱顶的节点以及外框架梁叠合层外侧需要现场支外模板后浇筑混凝土，本项目在建筑外围框架柱顶及外围预制叠合梁外侧设置上翻的PCF混凝土外模板与预制构件预制为整体，此PCF混凝土外模板起到外模板的作用（图3-44），现场无须再另外支撑外模板，故建筑外围无须设置外脚手架。

5）楼板及屋面板大规模采用预应力混凝土叠合板技术

本项目全部楼板采用预制预应力混凝土叠合板技术，传统的现浇楼板存在现场施工量大，湿作业多，材料浪费多，施工垃圾多，楼板容易出现裂缝等问题[1]。预应力混凝土叠合板采取部分预制、部分现浇的方式，其中的预制板在工厂内预先生产，现场仅需安装，不需要模板，施工现场钢筋及混凝土工程量较少，板底不需粉刷。预应力技术使得楼板结构含钢量减少（图3-45），支撑系统脚手架工程量为现浇板的31%左右，现场钢筋工程量为现浇板的30%左右。现场混凝土浇筑量为现浇板的57%左右。与现浇板相比，所有施工工序均有明显的工期优势，一般可节约工期30%以上。叠合楼板与现浇楼板工序比较详见表3-6。

---

① 吴敦军，汪杰，李宁. 预制装配技术在高层建筑中的应用研究 [J]. 工程建设与设计，2012（7）：197-190，194.

叠合楼板与现浇楼板工序比较					表3-6
费用子项	单位	现浇楼板	叠合楼板	降低数量	降低比率
楼板厚度	mm	120	140（60+80）		
人工	工日	0.44	0.35	0.09	20%
钢材	kg	10.42	7.26	3.06	30%
混凝土	m^3	0.12	0.14	−0.02	−16%
木模板	m^2	0.212	0	0.212	100%
脚手架支撑	kg	0.67	0.21	0.46	69%
板底粉刷	m^2	1	0	1	100%

3．装配率计算

该项目标准层结构部分预制率达到了65.44%，包含内外墙板的标准层预制率达到了81.31%（表3-7），是全国框架结构中预制率较高的工程，同时施工也更便捷。

6-05栋主体结构标准层预制率计算表					表3-7
序号	使用部位	预制量	现场作业量	合计	预制率
1	混凝土结构	预制钢筋混凝土	现浇钢筋混凝土		
		122.86m^3	64.89m^3	187.75m^3	65.44%
2	围护墙体	ALC板+陶粒板	砌体		
		159.4m^3	0	159.4m^3	100.00%
3	总体	282.26m^3	64.89m^3	347.15m^3	81.31%

4．绿色节能建筑技术实施内容

本项目建筑设计充分考虑建筑工业化技术与建筑性能技术的集成应用，将绿色建筑建造施工的理念贯穿于整个设计、施工的全过程，通过采用预制自保温内外墙板技术、装修与建筑一体化设计技术、阳台挂壁式太阳能热水技术和整体式卫生间技术，实现了性能组件及其空间的专门化集成设计与建造的目标，达到了三星级绿色建筑标准。

1）优化建筑立面，充分考虑集热器的角度，采用K型阳台板

本项目为公共租赁住房，为充分应用可再生能源，本项目在每户的南向阳台设置阳台壁挂式

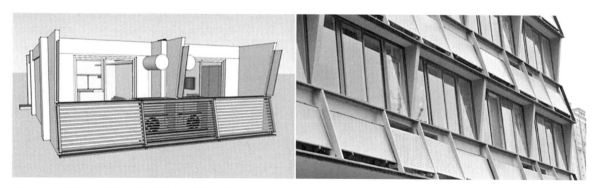

图3-46　与建筑一体化设计的阳台壁挂式太阳能热水器

图3-47 加气混凝土自保温内墙板

图3-48 陶粒混凝土栏板

太阳能热水器，实现100%住户采用可再生能源。同时，通过优化建筑立面，充分考虑集热器的角度，采用K型阳台板（图3-46），保证集热器的最佳效率，实现了太阳能的有效利用。

2）高效预制蒸压轻质加气混凝土隔墙板

本项目内外填充墙采用蒸压轻质加气混凝土隔墙板（NALC）（图3-47）和陶粒混凝土板（图3-48），板材在工厂生产、现场拼装，取消了现场砌筑和抹灰工序。

NALC板自重轻，重度为500kg/m³，对结构整体刚度影响小。板材强度较高，立方体抗压强度≥4MPa，单点吊挂力≥1200N。能够满足各种使用条件下对板材抗弯、抗裂及节点强度要求，是一种轻质高强围护结构材料；

NALC板具有好的保温性能 λ=0.13W/（m·K），本工程南北外墙采用150mm厚ALC自保温板（图3-49），东西山墙采用外墙板100mm厚与内墙板75mm厚的组合拼装外墙；内分户隔墙采用150mm厚的ALC板，其余内隔墙采用100mm厚的ALC板。建筑节能率达到65%标准。

图3-49 加气混凝土自保温外墙板

此外，该材料还具有很好的隔声性能和防火性能，NALC板材生产工业化、标准化，可锯、切、刨、钻，施工干作业，加工便捷，其施工效率是传统砖砌体的4～5倍，材料无放射性，无有害气体逸出，是一种适宜推广的绿色环保材料。

3）装修与土建结构一体化设计、施工

装配式住宅需要积极进行专业之间和全产业链之间的沟通、互动及配合，预制墙体、楼板、阳台、电梯井、楼梯等都在工厂生产制作，因此装修设计必须与土建设计同步进行。在预制墙板上考虑预留强电箱、弱电箱，预留预埋管线和开关点位的设计。在土建设计阶段就需要装修设计提供详细的"点位布置图"。

本项目土建设计充分考虑室内装修的要求，通过BIM三维可视化设计，保证各种预埋件、管线、插座和孔洞位置的准确。避免后期装修施工对结构的拆改和浪费（图3-50）。

图3-50 装修与土建一体化设计、施工

案例三

燕子矶保障性住房 C-04 栋

1．工程概况

南京市燕子矶新城保障性住房位于栖霞区燕子矶街道下庙社区，东至绕城公路，西至经五路，北至燕山路，南至华山路。C-04栋是其中一栋住宅楼，建筑面积14194.11m²，建筑高度67.45m，地上24层，地下1层（图3-51）。

图3-51 燕子矶新城保障性住房C-04栋外观

2. 结构优化原则

1) 结构构件决定住宅使用空间

在传统住宅设计中，户型设计是最重要的过程。传统住宅的设计流程为：确定使用空间→户型平面→结构布置→水电管线布置，由此带来的弊病是轴线尺寸多变、随意性强，构件复杂、种类多样。装配式住宅采用结构构件决定住宅使用空间的方式，体现在用构件模块梳理、整合户型种类，形成标准化的户型平面，目的是减少构件种类，降低工厂预制构件难度，发挥工厂机械化批量生产构件的优势。该项目的设计流程采用确定结构构件→使用空间→户型平面→水电管线布置。

该栋住宅结构优化前剪力墙构件混凝土方量合计为2370.20m³，梁构件混凝土方量合计为852.75m³，板构件混凝土方量合计为2394.00m³（图3-52），剪力墙构件多达21种（图3-53）。

结构优化后建立墙构件优化为12种，减少构件类型9种（图3-54、图3-55）。合计混凝土方量由原来的5616.95m³，优化为4462.25m³，减少混凝土方量20.5%（图3-56）。

2) 室内灵活分隔

通过规整住宅结构构件，实现了住宅室内隔墙的灵活分隔，对客厅和卧室等空间的开间和进深进行调整，使得功能尺寸更加符合室内装修设计、人体工程学标准以及家具布局（图3-57）。

图3-52　原标准层结构布置平面

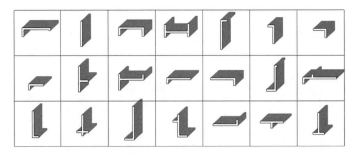

图3-53　结构优化前剪力墙构件种类

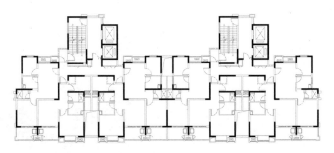

图3-54　优化结构标准层平面

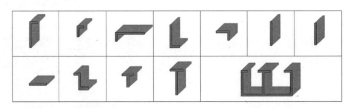

图3-55　结构优化后剪力墙构件种类

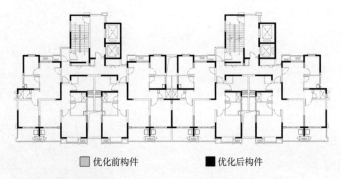

□ 优化前构件　■ 优化后构件

图3-56　优化前后对照图

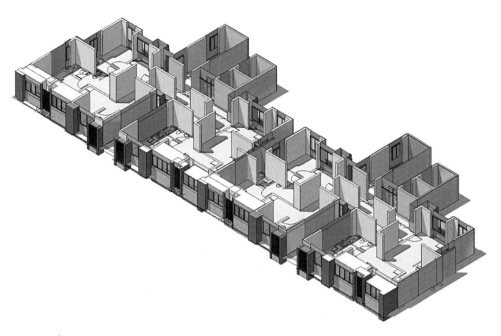

图3-57 剪力墙构件组合户型

案例四

上海绿地南翔崴廉公馆

1. 工程概况

首个"中国百年住宅"示范项目——绿地南翔崴廉公馆于2013年12月17日在上海正式亮相①。作为中国房地产业协会主持的中日合作项目，该项目以SI住宅设计理念为引导，全面采用中国百年住宅建设技术体系，解决了传统住宅中普遍存在的"短命"问题，将能有效提高建筑的耐久性、适用性。绿地南翔崴廉公馆中国百年住宅示范项目借鉴日本先进工业化集成技术和居住模式，以空间创新和技术创新赋予住宅全新概念（图3-58）。

2. 科技系统

本项目配备十大科技系统：SI分离工法、全干式工法、整体厨卫系统、SI集成技术、负压式新风系统、舒适地暖系统、适老部品系统、环保内装材料、全屋收纳系统、保温隔热系统，为居住者缔造健康舒适的生活环境。

1）SI分离工法

为提高内装的施工透明度，提升设备管线的日常维护检修性能，本项目SI分离工法——采用墙体和管线分离技术。SI住宅内装设计是保证居住基本性能要求的设计，决定着住宅的舒适性、安全性、耐久性以及将来的更新维修难易度等最重要部分。

---

① 刘东卫."什么是好房子"——全新的标准和价值观 [J]. 建筑与文化，2014（5）：76-81.

图3-58 项目效果图

2）SI集成技术

　　墙体与管线分离技术的关键主要是实现了户内排水立管水平出户的连接方式，应用了特殊的排水系统及其部品。建筑结构的使用年限在70年以上，而内装部品和设备的使用寿命多为10~20年左右。也就是说在建筑物的使用寿命期间内，最少要进行2~3次内装改修施工，要把寿命短的东西变得容易更换。而现在国内的内装多将各种管线埋设于结构墙体和楼板内，当改修内装的时候，需要破坏墙体重新铺设管线，给楼体结构安全带来重大隐患，减少建筑本身使用寿命，同时还伴随着高噪声和大量垃圾出现。在管线的施工中，现场很难发现施工错误，日常维护修理也是非常困难。因此，为了提高内装的施工性，也兼顾日后设备管线的日常维护性，项目采用SI住宅的墙体和管线分离技术进行设计（图3-59~图3-64）。

图3-59 架空地板系统专用部品

图3-60 架空地板系统地脚螺栓部品

图3-61 吊顶系统做法及专用部品

图3-62 内保温双层墙体做法及专用部品

图3-63 同层排水系统及专用部品

图3-64 给水分水器系统及专用部品

图3-65 整体式厨房

图3-66 整体式卫生间

3）整体厨卫系统

住宅建筑中，厨房和卫生间是最复杂也是最容易发生质量问题的部分。通过采用整体厨卫系统，将设备、管线、功能有机地结合成为一个整体，工业化的生产，在保证品质稳定性，同时减少现场湿作业。排水立管设置在公共部分，在室内采用同层排水技术，减少排水噪声，检修方便，且产权明晰（图3-65、图3-66）。

4）负压式新风系统

随着住宅密闭性的提高，以及对室内有害气体的关注，住宅需要进行定期换气来保证室内空气质量。负压式换气就是通过换气设备强行排放室内空气，使室内形成负压，从而通过设置在

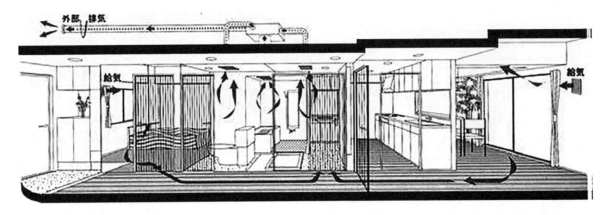

图3-67 负压新风系统

墙壁上的带有过滤网的送气口吸入户外的新鲜空气，有效地去除沙尘，将干净的空气送到各个房间（图3-67）。

5）全干式工法

项目采用全干式工法施工，减少现场湿作业。轻质隔墙在设计上可灵活分隔，未来空间调整便利（图3-68）。

6）干式地暖系统

干式地板采暖具备地板辐射采暖的人体舒适度、节省室内空间等优势的同时，又有效解决了湿式地暖不易维修、渗漏不好控制等问题，保证了全干式内装的实现（图3-69）。

图3-68 装配式轻质隔墙

7）适老产品系统

本项目实际中考虑居家适老性，室内不出现15mm以上的高度差，开关的设置高度为距地面1000mm，插座的高度为距地面400mm，在门厅、厕所、浴室安装扶手（图3-70、图3-71）。

8）全屋收纳系统

从居住者在日常生活中对收纳体量、收纳分区、收纳分类需求出发，本项目打造了分布更合

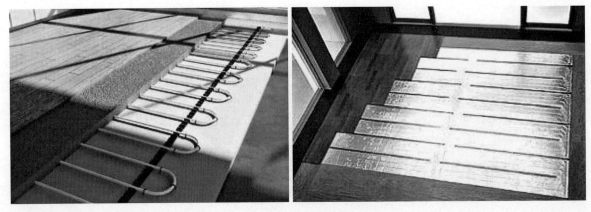

图3-69 干式地暖

图3-70 适老化门厅椅

图3-71 适老化卫浴扶手

图3-72 收纳系统

图3-73 预留检修口

理使用更便捷的全屋收纳系统（图3-72）。

9）检修系统

于空调冷媒管的弯曲部分、厨房的吊顶、卫生间的降板部分设置检修口，配备专用检修部品，使管道的检修、交换更加方便（图3-73）。

10）环保内装材料

项目采用了环保内装材料，并在客厅首次采用了呼吸砖背景墙。由于有了调湿机能的墙体材料，不仅雨天的湿气和窗的结露受到控制，干燥时对皮肤和喉咙的影响也减到最小，且能吸收散发恶臭的物质，使房间的空间保持爽洁（图3-74、图3-75）。

图3-74 环保内装材料

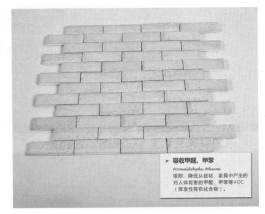

图3-75 呼吸砖背景墙材料

　　本章从钢筋混凝土构件区别于其他材料构件的混合一体化、液态到固态的构件成型定位特点入手，通过剖析钢筋混凝土四大工程，指出钢筋工程和模板工程是实施装配式的关键环节，并以分级装配的方式将单一材质构件组合成符合工地装配的大型构件，提高施工效率。装配式钢筋混凝土与木、钢组合应用可发挥各自材料构件的优势，弥补各自的劣势。通过具体工程的示例，了解工程概况，分析装配式钢筋混凝土住宅构件的成型和定位工法，研究装配式住宅系统分项集成技术。

4

钢结构体系工业化
装配式住宅

与钢筋混凝土结构住宅一样，钢结构装配住宅也是装配式住宅的重要类型。装配式钢结构住宅体系是以钢柱及钢梁作为主要承重构件，经过工厂加工，现场进行装配的一种住宅体系。其特点在于以工厂机械化生产的钢梁、钢柱为结构受力骨架，同时配以新型轻质、保温、隔热、高强度的墙体材料作为围护结构建造而成。相比于其他结构体系，钢结构建筑在环保、节能、高效、工厂化生产等方面具有明显优势，在写字楼等大型公共建筑中，上海浦东的金茂大厦、深圳的地王大厦、北京的京广中心等都采用了钢结构体系。在住宅建筑方面，上海、北京和山东等省市已开始对钢结构住宅进行试点，而其中北京金宸公寓已被列为住建部住宅钢结构体系示范工程[①]。

按照上文提到的装配式住宅构件系统，钢结构体系装配式住宅可分为结构体、围护体、内装修体与管线设备体。结构体主要由各种规格的型钢组成。型钢是一种有一定截面形状和尺寸的条形钢材，是钢材四大品种（板、管、型、丝）之一。根据断面形状，型钢分简单断面型钢和复杂断面型钢（异型钢）。前者指方钢、圆钢、扁钢、角钢、六角钢等，后者指工字钢、槽钢、钢轨、窗框钢、弯曲型钢等。型钢是组成钢结构体系装配式住宅的主要结构构件。围护体和内装修体（主要指的是内分隔构件），主要由各种砌块类、轻质板材类构件组成，如混凝土小型空心砌块、加气混凝土砌块、蒸压轻质加气混凝土板（ALC板）、玻璃纤维增强水泥板（GRC板）、钢丝网架水泥聚苯乙烯夹芯板、钢筋混凝土绝热材料复合墙板、金属复合板现场组装复合型墙板等。此外，住宅中还有一些设备系统，如电力、电信、照明、给水排水、供暖、通风、空调等，这些通常是通过使用成熟的设备产品来实现，设备产品是组成设备功能体的基本构件。

钢结构体系装配式住宅的结构构件根据住宅的具体结构需求，通过不同的组合方式组成不同的结构体系。常见的装配式钢结构住宅体系根据抗测力体系结构的力学模型及受力特性，主要分为[②]：

（1）框架体系。

（2）双重抗侧力体系：①框架–支撑（剪力墙板）体系；②框架–剪力墙体系；③框架–核心筒体系。

（3）筒体结构体系：①框筒体系；②桁架筒体系；③筒中筒体系。

也可以采取按建筑层数划分的方法，主要分为[③]：

（1）三层及以下的低层住宅：①轻型钢框架体系；②冷弯薄壁型钢密排柱结构体系。

（2）4~6层多层住宅：①纯钢框架体系；②纯钢框架支撑（剪力墙版）体系；③纯钢框架混凝土剪力墙体系。

（3）7~12层中高层住宅[④]：①纯钢框架支撑（剪力墙版）体系；②纯钢框架混凝土剪力墙体系；③钢框架–混凝土核心筒体系。

（4）13~30层高层住宅：①钢框架–支撑（宜采用偏心耗能支撑）支撑体系；②钢框架–钢板剪力墙体系；③钢框架–内藏钢板支撑混凝土剪力墙体系；④钢框架–带竖缝预制混凝土剪力墙体系；⑤钢框架–钢骨混凝土核心筒体系。

① 陈禄如. 钢结构住宅建筑将成为我国住宅的重要组成部分 [J]. 中国特殊钢市场指南，2002（19）：47–49.

② 叶明. 工业化住宅技术体系研究 [J]. 住宅产业，2009（10）：15–18.

③ 刘晓. 钢结构住宅体系分析 [J]. 工程建设，2010（2）：16–19.

④ 梅阳. 钢结构住宅体系的模式研究 [D]. 北京：北京建筑工程学院，2006.

重钢结构体系装配式住宅

一、构件系统分类

按照上文提到的装配式住宅构件系统，重钢结构体系装配式住宅可分为结构功能体、围护功能体、装修功能体与设备功能体。针对重钢结构体系装配式住宅，结构功能体中的装配式钢结构构件（型钢）分为：①钢框架结构体；②钢框架-支撑结构体系；③钢框架-混凝土剪力墙（核心筒）结构体系；④钢管-混凝土和钢骨-混凝土组合结构体系；⑤交错桁架结构体系；⑥巨型结构体系。围护功能体中的装配式外围护结构构件由砌块和轻质板材组成。装修功能体指的是内分隔构件，主要由轻型砌体、预制板材、现场复合板材组成。设备功能体主要由水设备、电设备、性能调节设备、预制管道井、预制排烟道等构件集合组成。

二、结构体

目前国内进行多层、高层钢结构住宅建设所采用的结构体系主要分为4种：①纯框架形式；②框架支撑形式；③型钢混凝土组合形式；④钢框架-混凝土抗震墙形式。对于纯框架形式，梁柱材料采用型钢，通过焊接或螺栓连接的方式进行组合安装。框架支撑形式同纯框架形式类似，只是由于抗震需要，在主体结构两个主轴方向布置斜撑，钢斜撑与型钢柱和梁连接组成竖向抗侧力桁架，从而取代传统的混凝土剪力墙，安装方式同样采用焊接或螺栓连接。型钢混凝土组合形式的特点是在钢骨架梁柱外侧另外浇筑一层混凝土，新浇筑的混凝土不仅起到结构作用，同时有助于解决主体结构的防腐、防火问题。钢框架-混凝土抗震墙形式，外部梁柱系统采用型钢，同样通过焊接或螺栓连接的方式进行组合安装，内部核心筒或剪力墙采用现浇方式施工，通过预埋构件同外围钢结构框架相连接，共同组成结构系统。对于中高层住宅，典型装配式钢结构体系可分为：

1. 钢框架结构体系

钢框架体系是指沿房屋的纵向和横向均采用框架作为承重和抵抗侧力的主要构件所形成的结构体系。框架结构可以分为半刚接框架和全刚接框架两种，框架结构的梁柱宜采用刚性连接（图4-1）。与其他的结构体系相比，框架结构体系可以使建筑的使用空间增大，适用于多类型使用功能的建筑。其结构各部分的刚度比较均匀，构件易于标准化和定型化，构造简单，易于施工，常用于不超过30层的高层建筑。该体系类似于混凝土框架体系，不同的是将混凝土梁柱改为钢梁、钢柱，其竖向承载体系与水平承载体系均为钢框架。

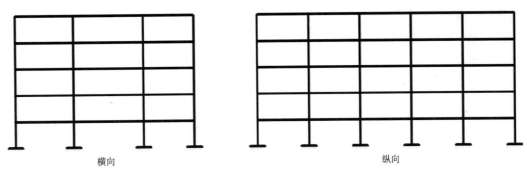

横向   纵向

图4-1　钢框架结构体系

　　这种体系在多层钢结构住宅中应用最广。纵、横向多榀框架构成，并承担竖向及水平荷载的结构形式，梁柱连接多采用钢接。这种结构形式的优点是平面布置灵活，可提供较大的开间，便于用户二次设计，满足各种生活需求。钢框架结构抗侧能力较差，结构侧向变形较大。这种体系用于高层建筑经济性较差。纯框架结构体系在地震区一般不超过15层。对多层建筑特别是两个方向开间较多的，纯框架用钢并不多。在日本60m以下的钢结构大部分采用这种体系。该体系具有以下优点：①可以使建筑物形成较大空间，建筑平面布置更加灵活；②受力明确，结构各部分刚度比较均匀；③框架构件类型少，易于标准化、装配化，施工速度较快。其缺点为：①强震作用下所需梁柱截面较大，导致用钢量大，造价较高；②相对于围护结构梁柱截面较大，不利于钢构件在室内的隐蔽，影响住宅建筑使用功能。

2. 钢框架-支撑结构体系

　　钢框架-支撑结构体系是由纯框架体系变化而来，它是在框架结构体系中的某一跨或某几跨间，沿结构平面的横向或纵向设置支撑框架而构成的一种结构形式，即在框架体系中部分框架之间设置竖向支撑，形成支撑框架，属于双层抗侧力结构体系（图4-2）。

　　框架-支撑体系在钢结构住宅中应用比较多，由于住宅结构中横向刚度一般不容易满足抗侧移，因此需要加设支撑，规范建议在两个方向采用同样的结构体系，因此在纵向一般也加设支撑，但是实际工程中由于在纵向加支撑使得建筑的布置不方便，因此也有不加设纵向支撑，只在横向加支撑。该结构体系改进了框架结构体系抗侧力能力较弱的缺点。这种体系借助支撑来承受

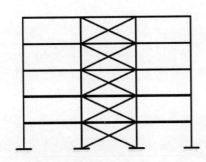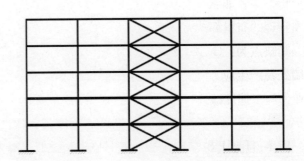

图4-2　钢框架-支撑结构体系

水平力和提供侧向刚度，当房屋较高时，它比纯框架经济。支撑要在适当位置设置，以便与建筑设计相协调。支撑的形式有很多，有十字交叉、人字形等中心支撑，也有各种偏心支撑，偏心支撑耗能性优越，而且对门窗洞等建筑布置比较有利，一般布置在分户墙、外墙、卫生间和楼梯间墙上，可以根据需要在一跨或者多跨上布置，一跨布置时，一般在中间跨布置，以保证刚度中心位置。框架支撑结构抗侧力性能较好，结构侧向变形较大，一般适合30层以下结构。该体系具有以下优点：①由型钢组成的支撑，与剪力墙相比在达到同样的刚度下重量要小很多；②用于多层特别是小高层住宅，经济性较好；③与钢框架-混凝土核心筒（剪力墙）相比可以取得工期上的优势。其缺点为：①墙内布置支撑，对建筑洞口布局有诸多限制；②传力路线较长，抗侧效果较差；③对住宅结构来说横向支撑的设置较为方便，纵向支撑基本没有可能，如何协调纵横向的刚度是这种体系要考虑的重要问题。

3. 钢框架-混凝土剪力墙（核心筒）结构体系

钢框架-剪力墙结构体系在我国的应用最普遍，近几年建造的多层、高层钢结构住宅较多采用的是这种结构体系，这种结构体系是以钢框架体系为基础，为了增加结构的侧向刚度，防止侧向位移过大，按照整体刚度均匀的原则，设立剪力墙或核心筒来抵抗水平荷载的作用（图4-3）。

通常沿建筑平面的纵向或横向在适当部位（如楼梯间、分户墙、卫生间）均匀、对称地布置一定数量的钢筋混凝土剪力墙所形成的结构体系。钢框架-混凝土核心筒结构体

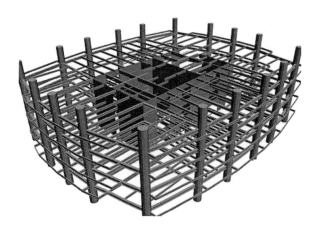

图4-3 钢框架-混凝土剪力墙结构体系

系是在钢框架的基础上，在体系内靠近中心的部位布置以几片墙体封闭围成的核心筒所形成的结构体系，一般将混凝土核心筒布置在卫生间或楼梯、电梯等公用设施用房。原理与钢框架支撑结构类似，钢框架结构体系中布置一定数量的预制（现浇）剪力墙、钢板或组合墙，承担地震剪力的构件由支撑换成剪力墙，框架柱承担较小的剪力。这种结构体系具有框架结构布置灵活、使用方便的特点，又具有较大的侧向刚度，比支撑结构具有更好的结构刚度，适宜更高的建筑结构。

该体系具有以下优点：①侧向刚度较大，易于保证整体刚度及稳定性；②传力路径明确，结构分析简单，非常适合于我国目前的技术水平；③核心筒布置成电梯间、卫生间，对隔声、防潮以及管道的布置都非常有利；④剪力墙对结构的防火、耐火性非常有利，可起到防火墙的作用。

其缺点为：①由于剪力墙属于刚性结构，而钢框架属于柔性结构，当遭到强烈地震时，在剪力墙处易产生应力集中，造成局部结构的破坏；②现浇混凝土剪力墙虽然整体性好，但是现场湿作业使施工速度减慢，延长施工工期，而且受天气的影响较大。

4. 钢管-混凝土和钢骨-混凝土组合结构体系

钢管混凝土结构指结构柱采用箱形或圆形截面型钢，在柱中灌入混凝土，钢与混凝土二者共

同作用构成结构承重构件。钢材的约束作用提高了混凝土的强度，混凝土良好的导热性又提高了钢材的耐火性。钢管混凝土结构和钢骨混凝土结构都是结构框架体系采用钢与混凝土组合作用，两种材料相辅相成共同工作，都具有承载力高、抗震性能好、变形能力强的特点。其中，钢骨混凝土更接近于混凝土框架结构的受力、变形状态。由于整体受力性能优于纯钢框架结构，这两种体系多用于高层及中高层住宅建筑，结构优势发挥得更加充分。

5．交错桁架结构体系

交错桁架结构体系由美国麻省理工学院于20世纪60年代首先提出，主要适用于多层和高层住宅、旅馆、办公室等平面为矩形或由矩形组成的钢结构房屋。交错桁架结构体系是由高度为层高、跨度为建筑全宽的桁架，两端支承在房屋外围纵列钢柱上，所组成的框架承重结构不设中间柱，在房屋横向的每列柱轴线上，这些桁架隔一层设置一个，而在相邻柱轴线则交错布置（图4-4）。在相邻桁架间，楼板面板跨越桁架间距的一半，一端支承在一桁架的上弦杆，另一端则悬挂在相邻桁架的下弦杆。垂直荷载则由楼板传到桁架的上下弦，再传到外围的柱子[1]。该体系利用柱子、平面桁架和楼面板组成空间抗侧力体系，柱沿房屋周边布置，中

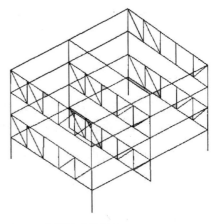

图4-4　交错桁架结构体系

间无柱且桁架在相邻柱子上为上、下层交错布置，楼板一端搁置在桁架的上弦，另一端则支撑在相邻桁架的下弦。这样的结构体系在建筑上可获得两倍柱距的大开间，便于建筑平面布置或灵活分割，采用小柱距和短跨楼板，使楼板厚度减小、自重减轻、净空增加。由于没有楼面梁格，层高可以减小。这种体系的用钢量可比框架结构减少30%~40%。因此，该体系是一种经济、实用、高效的新型结构体系，适用于高层及超高层结构。

6．巨型结构体系

巨型结构体系又称为超级结构体系，是由巨型构件组成的主结构与常规构件组成的次结构共同工作的一种结构体系[2]。与一般结构的杆件不同，它们的截面尺寸通常很大，其中巨型柱尺寸常超过一个普通框架的柱距。一般是布置在房屋的四角，多于4根时，除角柱外，其余的柱也是沿房屋的周边布置，形式上可以是巨大的钢骨混凝土柱。空间格构式桁架是筒体，巨型梁采用高度在一层或一层以上的空间格构式桁架或厚板深梁体系，一般是每隔12~15个楼层设置1根。主结构中可以有跨越好几层的支撑或斜向布置的剪力墙板。巨型结构的主结构通常为主要抗侧力体系，次结构只承担竖向荷载，并负责将其通过巨型梁传给主结构。

---

① 尹宗军. 高层钢结构住宅体系分析及其在实际工程中的应用 [D]. 合肥: 合肥工业大学，2006.

② 席晖. 多高层钢结构住宅设计研究 [D]. 天津: 河北工业大学，2006.

三、围护体

1．外围护构件体系

框架建筑的荷载由梁柱传递，墙体不起承重作用。这是钢结构住宅墙体与传统的砖混或内浇外砌剪力墙住宅的根本区别。钢结构住宅的结构体系属于高度工业化生产制作和安装，墙体宜优先采用性能良好的预制装配式围护结构。可以根据材料分为两大类：砌块类、轻质板材类。从具体的施工工艺分为填充和外挂两大类。填充类常用的材料为砌块和轻质墙板，内嵌至梁底或楼板底部形成外围护系统。外挂类多采用轻质墙板，按尺寸的大小可分为大板和小板，安装在梁柱和楼板外侧，形成围护系统。砌块填充类的设计与施工较为简单，应用也很广泛[①]。

1）砌块类

砌块类墙体材料有空心砌块、实心砌块。可供选择的砌块种类有混凝土小型空心砌块、粉煤灰砌块、加气混凝土砌块等。混凝土小型空心砌块是以水泥为胶凝材料，添加石子、砂子等为骨料，经计量配料、加水搅拌、振动加压成型，并经养护制成的一种空心率为25%～50%的新型墙体材料。它具有自重轻、热工性能好、抗震性能好、砌筑方便、墙面平整度好、施工效率高等优点。粉煤灰砌块是以粉煤灰、石灰为主要原料，掺加适量石膏、外加剂和集料，经坯料配制、轮碾碾练、机械成型、水化和水热合成反应而制成的密实砌体。它具有重度小（能浮于水面），保温、隔热、节能、隔声效果优良，可加工性好等优点，其中隔热保温是它最大的优势。加气混凝土砌块是以水泥、石灰、矿渣、砂、粉煤灰、锅粉等为原料，经磨细、计量配料、搅拌灌注、发气膨胀、静停切割、蒸压养护、成品加工、包装等工序制造而成的多孔混凝土。它具有轻质多孔、保温隔热、防火性能好、可钉可锯易加工等优点。

2）轻质板材类

轻质板材类围护材料有大型轻质混凝土板，也有用保温材料做成的夹芯板。有做成各种条板的，也有做成整块板的。轻质板材类墙体材料具有工厂化的生产方式和装配化的施工方式，更加符合钢结构住宅产业化发展的要求。目前适用于钢框架结构，典型的板材类墙体材料主要有：

（1）蒸压轻质加气混凝土板（ALC板）

ALC板是以粉煤灰（或桂砂）、水泥、石灰等为主要原材料，配有防锈处理的钢筋，经过高温高压蒸汽养护而成的多气孔混凝土成型板材。由于高温高压蒸养，板材内部形成很多封闭的小孔，使板材具有良好的保温、隔声性能。另外，此种板材自重较轻，能适应较大的层间角位移，因而具有良好的抗震性能（图4-5）。

（2）玻璃纤维增强水泥板（GRC板）

GRC板是以耐碱玻璃纤维为增强材料，以低碱度的硫铝酸盐水泥轻质砂浆为基材，运用一定的工艺技术制成的中间具有若干孔洞的条形板材。GRC板的造价较低，重量仅是120mm黏土砖墙重量的20%左右，隔声量约为32dB，耐火极限为1h，具有可锯可割可钻可钉等优点。GRC板应用于钢结构住宅中时，墙体抹灰后容易出现裂缝，另外，GRC板的墙体还容易形成返霜现象。

---

① 潘翔. 钢结构装配住宅——墙板体系及相关技术研究 [D]. 上海：同济大学，2006.

图4-5 ALC板

图4-6 金属复合板

（3）钢丝网架水泥聚苯乙烯夹芯板

钢丝网架水泥聚苯乙烯夹芯板是用高强度冷拔钢丝焊成三维空间网架，中间填以阻燃型聚苯乙烯泡沫塑料或岩棉等绝热材料，现场安装后，两侧喷抹水泥砂浆而形成的复合墙板。其缺点是在墙板接缝处容易形成热桥，容易降低钢结构住宅的保温隔热效果。

（4）钢筋混凝土绝热材料复合墙板

这种墙板的一般构造为内外薄壁钢筋混凝土板，中间为保温材料的夹芯式结构，保温材料为岩棉或聚苯板，通常采用固定台位、热模养护的一次复合成型生产工艺，外墙外侧饰面可通过模具压花成型，也可以采用反打成型工艺在工厂内将面砖等饰面材料一次成型粘贴制作。墙板单面混凝土层厚度不小于30mm，保温层厚度根据节能设计要求有50mm、80mm、100mm等几种规格。其缺点是：由于保温层是整体预制在复合板内部的，在板缝处必然会形成一定的冷桥、热桥，对建筑的保温隔热性能产生不利影响。复合墙板形式如图4-6所示。

（5）金属复合板

金属复合板是两侧为金属面材料、中间为保温材料的夹心式结构，金属面材料通常采用彩色涂层钢板、镀锌钢板、不锈钢板、铝板等，保温材料为聚苯板或岩棉（图4-6）。金属复合板具有强度高、施工方便快捷、可多次拆装等优点。金属面夹心板具有重量轻、强度高、施工方便快捷，可多次拆装的特点，很适合钢结构住宅建筑。但是考虑到金属不耐腐蚀的特点，在钢结构住宅中使用金属复合板时需要通过一些措施提高其耐久年限，更要处理好金属材质所导致的外墙面和内饰面效果不尽如人意的问题。

（6）现场组装复合型墙板

现场复合型外墙板也是由数种材料复合而成。通常现场组装复合型墙板通常采用轻钢龙骨为墙体支撑骨架，内外挂石膏板或水泥刨花板，中间填充保温岩棉。每一种材料分别在工厂定型化生产，在施工现场进行组装。相比于其他类型墙板，现场复合墙板的主要优点在于其良好的保温隔热性能和防止雨水渗漏功能。此类墙板通常采用外挂于钢框架结构之外的安装方法。各项材料的现场安装保证了墙体，特别是保温层的连续性，有效避免热桥的产生。各层材料现场复合的另一好处是避免了单一板材在安装中必然面对的通缝问题。复合墙板各层材料交错安装，为防止雨水渗透设置了多道屏障，在外饰面板内侧与石膏板之间通常还有一道空气间层，并设有导水槽和通气孔，令少量进入到饰面板内侧的水分能及时排除，避免雨水进一步渗漏并防止墙体内部冷凝水的产生，让墙体具有一定的"呼吸"功能，能够进行自我调节。另外，外饰面板与墙体骨架相对独立，可以自由选择不同风格与类型的装饰面材，赋予建筑更丰富的造型与变化。现场复合型外墙板对建筑在使用期内的维修保养也非常有利。由于各层板材相对独立，出现破损可以及时进行局部更换，而不影响其中居住者的生活。相比于其他几种墙体，现场复合型外墙板对于墙体材料生产加工的准确性要求较高，现场施工安装也更复杂。首先，工厂化生产的各单项材料之间的规格、尺寸以及安装方式要相互匹配；其次，施工精度和技术水平的优劣对最终建造成果有着至关重要的影响；最后，各材料之间的连接安装需要大量连接构配件，这些配件精确度和调整度的好坏也直接影响最终效果。

2．楼板和屋盖构件体系

楼板体系作为房屋的水平构件，起着支承竖向荷载和传递水平荷载的作用。因此楼板必须有足够的强度、刚度和整体稳定性，还要具有较好的隔声、防水和防火性能，同时宜尽量采用技术和构造措施减轻楼板自重，并提高施工速度。在钢结构住宅建筑体系中，楼板主要有现浇钢筋混凝土楼板、压型钢板-现浇混凝土组合楼板、预制预应力叠合现浇楼板、双向轻钢密肋组合楼板和预制加气混凝土楼板等。

1）全现浇楼板

这种楼板与混凝土结构建筑完全相同，楼板建造需支模、大量湿作业，施工现场工作量大，混凝土养护时间较长。而且因混凝土收缩、地基沉降、温度等原因，楼板易开裂，影响使用功能。但是成本低、防火性能较好、施工单位较熟悉，目前在钢结构住宅中仍有不少应用。现浇钢筋混凝土楼板以钢框架为支撑，在钢梁上按一定间距焊接栓钉，然后支模，绑钢筋现浇混凝土，达到设计强度后拆除模板。这种楼板的优点是造价低，整体性好。缺点是需要大量模板和支撑；混凝土硬化需要时间，会影响钢结构施工速度。

2）半预制半现浇楼板

（1）压型钢板-现浇钢筋混凝土楼板

通过栓钉将压型钢板固定在钢梁上，作为永久性模板，同时考虑压型钢板参与部分楼板受力。现浇混凝土层整体性好，方便水、电等设备管线的敷设。这种楼板最适用于钢结构，施工速度快，工业化程度高，另外楼板自重较轻，减轻了主体结构竖向荷载和地震反应。这种楼板的缺点是压型钢板下表面凹凸不平，压型钢板外露防火性能较差，因而楼板下部需要做防火处理并加设吊顶，既增加造价又降低了室内空间净高。

（2）预制预应力叠合现浇楼板

预应力混凝土叠合楼板是预制和现浇混凝土相结合的一种结构形式。通常，预应力混凝土薄板厚度为50～100mm，宽度国内普遍采用900mm、1200mm两种类型，长度可达到6m。与上部现浇混凝土层（厚50～80mm）结合成为一个整体，共同工作。这种叠合板同样不需要模板，施工方便，且省去了压型钢板，缩短整个工程的工期，降低了造价（图4-7）。

（3）双向轻钢密肋组合楼盖

由钢筋或小型钢焊接的单品桁架正交成的平板网架，在密肋组成的网格内嵌入塑料或玻璃钢制成的定型模壳。这种楼板的优点是平面外刚度较大，施工时所需支撑较少，混凝土的浇筑不需支设模板。但是该楼板总厚度较大（300mm左右）、需要架设吊顶，导致住宅房屋净空较低。

（4）密排小桁架-现浇混凝土楼板

楼面次梁采用密排小桁架替代，与现浇混凝土楼板组合作用，各类管线可从桁架空腹穿过，同密肋模壳楼板一样，也需要设置吊顶。

3）全预制半现浇楼板

（1）压型钢板干式组合楼板

以冷弯薄壁型钢制成的大波纹压型钢板作为结构楼板骨架，结构钢梁预制为下翼缘加强加宽型，压型钢板置于结构钢梁的下翼缘上，跨度可达6m，

图4-7 预制叠合楼板

上部钉高密度水泥刨花板，下部加一层保温隔声材料，底部防火石膏板吊顶。楼板各部件工厂预制，现场施工组装，构件采用螺栓连接，施工全过程无水化。压型钢板厚度与钢梁相同，楼板总厚度在200～400mm。总重量约为混凝土楼板的1/6。

（2）预制加气混凝土楼板

预制加气混凝土楼板是以硅砂、水泥、石灰等为主要原料，内配经过防锈处理的加强钢筋，经过高温、高压、蒸气养护而成的多气孔混凝土板材。具有自重轻耐火等特点。板材由工厂预制加工，可根据设计要求定制，也可批量定型化生产。

3. 内分隔构件体系

内墙应尽量采用非承重轻质隔断墙，其主要功能是将使用空间分隔开来，同时它必须具备强度和稳定性、防火耐久性、隔声性和满足设备走线要求。

1）轻型砌体

可用作内隔墙的砌体材料很多，包括混凝土空心砌块、石膏砌块、加气混凝土砌块、轻集料混凝土小型空心砌块等。轻型砌块的施工做法在我国应用较为广泛，由于采用水泥砂浆砌筑，一般在墙体两侧加一层玻纤布（或钢丝网）以加强整体性，墙体整体性能较好。

2）预制单一材质板材

能够满足居住建筑外围护结构各项物理性能要求单一材质墙板有蒸压加气混凝土板、石膏空心条板、真空挤出成型纤维水泥多孔板等，目前应用较多的主要是配筋加气混凝土板（ALC板）。ALC板材配有专用连接钩头螺栓，可以与钢框架灵活连接，外挂式或嵌入式均可。连接配件具有两个方向的调整余量，满足安装中尺寸精度的要求。

3）预制复合型材质板材

工厂预制复合墙板由不同材料组成成型板材，种类有水泥蜂窝板、钢丝网架水泥夹心板、纤维水泥复合墙板、硅酸钙复合墙板和ALC板（配筋加气混凝土板）、GRC轻板等。工厂预制复合墙板的组成一般为内部轻质芯材与外层面板组成，芯材的主要作用是隔声，面层板材应具有一定强

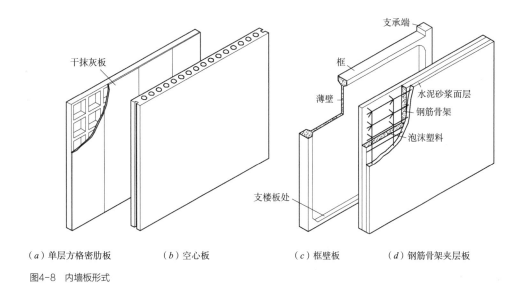

| （a）单层方格密肋板 | （b）空心板 | （c）框壁板 | （d）钢筋骨架夹层板 |

图4-8　内墙板形式

度，耐磨损，两层之间有骨架以保证板材整体强度（图4-8）。

纤维水泥复合墙板与硅酸钙复合墙板是以薄型纤维水泥板或纤维增强硅酸钙板作为面板，中间填充轻质芯材一次复合成型的一种轻质复合板材，具有使用方便、价格低廉的特点。

蜂窝复合墙板是以经过防火树脂浸渍的蜂窝芯材与高密度硬质面板玻镁平板、纸面石膏板、硅酸钙板等通过特种胶粘剂冷压复合而成的一种夹层墙板。采用仿生技术，利用蜂窝状六边形结构单元形成整体支撑骨架，墙体整体性好，强度高，不易开裂，具有良好的防火、隔声性能。

GRC轻板玻璃纤维增强水泥轻质板是以低碱度水泥、抗碱玻璃纤维和轻质无机填料为主要原料，采用短切喷射工艺制成。该种板材质轻、强度高、隔热、隔声、不燃。同时，具有良好的可加工性能（可锯、可钻、可用自攻螺钉紧固、可粘结）。GRC轻板可用作内墙板和吊顶板，作墙板使用时，一般规格：长度300mm，宽度600mm，厚度为60mm、90mm和120mm。

4）现场复合板材

同外墙板类似，复合墙板也是由不同材料现场复合而成。最常见的是轻钢龙骨石膏板隔墙。墙体支撑结构为轻钢龙骨，有三种体系：①LL——无配件体系。有两种龙骨，以LLQ-U、LLQ-C龙骨组成隔墙骨架和以LLQ-CK龙骨组成扣合式隔墙骨架，可以增加墙体高度和增强骨架强度。②QL——有配件体系。以C1、C2龙骨为主件，配以贯通横撑龙骨、支撑卡、托架及加强龙骨等配件组成隔墙骨架。③QC——无配件体系（需要时也可设置配件）。以QU、QC龙骨组成隔墙骨架或以QC龙骨组成扣合式隔墙骨架，可以增加墙体高度和增强骨架强度。也可配置贯通横撑龙骨、支撑卡等配件组成隔墙骨架。

四、管线设备体

建筑设备应满足建筑设备各系统的功能有效、运行安全、维修方便等基本要求。管线的设计，应相对集中，布置紧凑，合理占用空间，设备布线应满足集约化、集中性、可变性和耐久性原则。例如，竖向管道应集中布置，设置专用管道井或管道夹墙，或采取工厂预制管道现场安装。管井或管道夹墙应设置检修门，并应开向公共空间，方便查表和检修。集中管井通常设置在楼电梯间与住户分隔墙的连接处，这种做法不但适用于钢结构住宅，在混凝土结构住宅中也被广泛采用。

第二节

轻钢结构体系装配式住宅

轻钢结构体系装配式建筑通常为低层（3层以下）或多层建筑物（4~6层），采用轻钢龙骨或轻钢框架作为结构骨架，轻型复合墙体作为外围护结构所组成的房屋。轻型钢结构建筑施工方便，使用薄壁型钢，用钢量较低，而且内部空间使用较为灵活，其所采用的轻型复合墙板等技术，可以使建筑的防水、热工等综合性能指标得到提升，有利于建筑节能。轻钢龙骨结构体系是低层轻型钢（钢木）结构建筑的主要结构体系，目前在我国发展迅速，在国外则已经非常成熟，广泛应用于低层小型建筑、住宅和私人别墅等。

一、构件系统分类

按照上文提到的装配式住宅构件系统，重钢结构体系装配式住宅可分为结构功能体、围护功能体、装修功能体与设备功能体。

针对轻钢结构体系装配式住宅，结构功能体中的装配式构件（型钢）按照其骨架的构成，可组成柱梁式、隔扇式、混合式和盒子式等几种。围护功能体中的装配式构件形式以"板式构件"为主，大体可分为钢丝水泥网水泥板、复合板等。这些两种板式构件通过附着在结构骨架上，跟随骨架形式，通过不同的组合方式形成外墙、屋顶等主要外围护构件。其围护构件可以被分为四大类：复合外墙板、复合屋顶板、附属功能性构件和其他装饰性构件。装修功能体主要指的是内分隔构件，主要由轻钢龙骨隔墙组成。装设备功能体和重钢结构体系装配式住宅类似，主要由水设备、电设备、性能调节设备、预制管道井、预制排烟道等构件集合组成。

二、结构体

轻钢结构体系装配式建筑的结构构件通常由厚度为1.5~5mm的薄钢板经冷弯或冷轧成型，或者用小断面的型钢以及用小断面的型钢制成的小型构件如轻钢组合桁架等。薄壁型钢板的截面形式可以分为如下几种，而小断面型钢断面形式有H形、封闭式H形、角钢组合、钢管圆和槽钢连接等。根据需要，能够组合成各种形式的结构构件（图4-9）[1]。

在轻钢结构体建筑中，这些薄壁型钢板和小断面型钢不仅能够成为"柱""梁"等结构构件，经过组合还能成为"墙""板""楼梯"等结构构件。其结构形式可以分为柱梁式、隔扇式、混合式和盒子式等几种。

1）柱梁式

柱梁式即采用轻钢结构的柱子、梁和桁架组合的房屋支承骨架，节点多采用节点板和螺栓进行连接，为了加强整体骨架的稳定性和抗风能力，在墙体、楼层及屋顶层的必要部分设置斜向支撑或剪力式的拉杆（图4-10）。

2）隔扇式

隔扇式是将承重墙、外围护墙和楼板层按模数划分为许多单元的轻钢隔扇，从而组成房屋的支承骨架（图4-11）。

3）混合式和盒子式

混合式是外墙采用隔扇，内部采用柱梁而混合组合的骨架体系。盒子式是工厂把轻钢型材组装成盒型框架构件，再运到工地装配成建筑的支承骨架，随后以这个骨架为基础，最后安装楼板、内板墙、屋顶、顶棚等构件（图4-12）。钢筋混凝土结构也有盒子式的类型，只不过将支承骨架的材料替换为钢筋混凝土预制构件。

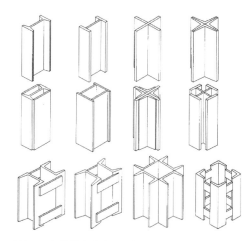

图4-9　薄壁型钢板的截面形式

图4-10　柱梁式钢结构

图4-11　隔扇式轻钢结构

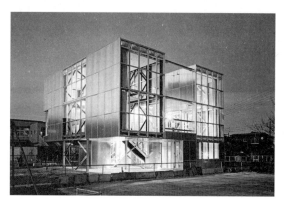

图4-12　盒子式轻钢结构

---

① 金虹. 建筑构造 [M]. 北京：清华大学出版社，2005.

三、围护体

1．外围护构件体系

总体来说，轻钢结构体系装配式建筑的外围护构件形式较为简单，构件形式以"板式构件"为主。板式构件大体可分为钢丝水泥网水泥板、复合板等。这些两种板式构件通过附着在结构骨架上，跟随骨架形式，通过不同的组合方式形成外墙、屋顶等主要外围护构件。

1）钢丝网水泥墙

此类水泥墙常见有两种构造方式。

（1）轻型龙骨钢丝网水泥墙，在隔扇式轻钢骨架的外侧或两面绑扎或用专用卡具卡住钢丝网片，喷水泥砂浆。隔扇填以泡沫或纤维。

（2）钢筋网架水泥墙，用直径3～4mm钢丝点焊成间距为100mm的双向网片，制成空间网架，在内部插入泡沫塑料，安装在骨架的外围部分，双面喷20～30mm的水泥砂浆。

2）轻钢骨架复合墙板

轻钢骨架复合墙板由多层材料组合而成，一般有以下几个层次。

（1）骨架，通常用槽形薄壁型轻钢龙骨制成单元墙板的外形框架，内部视面板的刚度需要，设置横档、竖筋或斜撑。除轻钢外，视情况还可由木材、纤维水泥板以及混凝土饰面板的肋作为支承骨架（图4-13）。

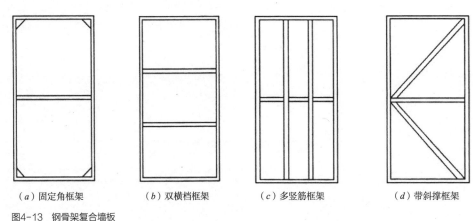

（a）固定角框架　　（b）双横档框架　　（c）多竖筋框架　　（d）带斜撑框架

图4-13　钢骨架复合墙板

（2）外层面板，包括表明经过处理的金属压型薄板、有色或镜面玻璃，经过一定防火和抗老化处理的塑料、水泥制品、木制品以及其他新型材料。

（3）内层面板，通常采用纸面石膏板、胶合板和木质纤维板等。

（4）保温层，常设置在内外面层之间，材料有玻璃棉、岩棉、矿棉和加气混凝土等。

2．楼板和屋盖构件体系

1）楼板

在轻钢建筑中，楼板构件相对特殊，一般是由轻型钢构件、现浇混凝土和其他辅助材料共同组成的复合结构构件，通常采用上覆混凝土的压型钢板和其他几种防水纤维板加钢筋网片现浇的楼板形式（图4-14）。

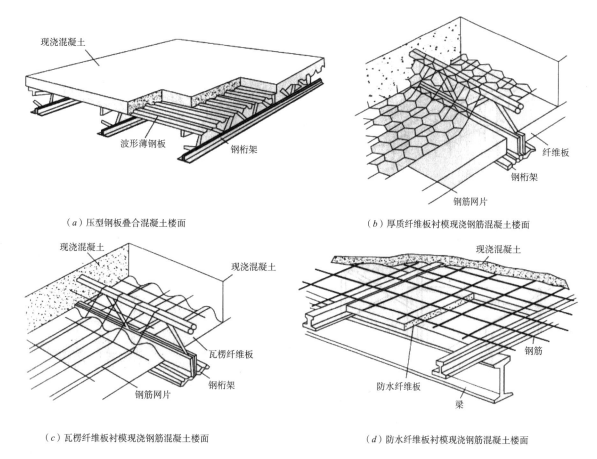

（a）压型钢板叠合混凝土楼面　　　　　　　（b）厚质纤维板衬模现浇钢筋混凝土楼面

（c）瓦楞纤维板衬模现浇钢筋混凝土楼面　　　　　（d）防水纤维板衬模现浇钢筋混凝土楼面

图4-14　叠合板、实心板和空心板

2）屋顶

轻钢结构体系装配式建筑屋面宜采用轻质高强、耐久、耐火、保温、隔热、隔声、抗震及防水性能好的建筑材料，同时要求构造简单、施工方便，并能工业化生产，如压型钢板、太空板（由水泥发泡芯材及水泥面板组成的轻板）、石棉水泥瓦和瓦楞铁等。屋面可分为有檩体系和无檩体系。有檩体系檩条宜采用冷弯薄壁型钢及高频焊接轻型H型钢。檩距多为1.5～3m，直接在其上铺设压型钢板。无檩体系的太空板标准尺寸在网架中为3m×3m。

压型钢板和太空板是两种最常用的轻型屋面。压型钢板是有檩体系中应用最广泛的屋面材料，采用热镀锌钢板或彩色镀锌钢板，经辊压冷弯成各种波形，具有轻质、高强、美观、耐用、施工简便、抗震、防火等特点。当有保温隔热要求时，可采用双层钢板中间夹保温层（超玻璃纤维棉或岩棉）的做法。太空板是采用高强水泥发泡工艺制作的人工轻石为芯材，以玻璃纤维网（或纤维束）增强的上下水泥面层及钢边肋复合而成的新型轻质屋面板材，具有刚度高、强度高、延性好等特点，具有良好的结构性能和工程应用前景。

屋面也可按形式分为平屋顶、坡屋顶等。平屋顶只需在楼板上铺设防水层或彩色钢板，之后设置排水坡度与排水沟即可。坡屋顶先搭建好屋架，在屋架上设置钢檩条，再铺设彩色钢芯夹板，既有一定的美观性，又有很好的保温、防水效果。坡屋顶还有一种建造方法：在钢檩条上铺设纤维板，再铺设防水层、瓦片等，最好选用大且薄的瓦片以减轻屋顶重量，较常见的有纤维水泥仿瓦形屋面。

3．内分隔构件体系

轻钢龙骨隔墙是近年来在轻钢结构体系装配式建筑中应用非常普遍。一般采用0.6mm厚的钢板制成龙骨。龙骨横向间距为600mm或900mm，两侧覆1200mm或900mm宽度的石膏板。龙骨的间距、方向和石膏板的厚度都会影响墙体的隔声性能。分户墙对隔声和防火性能的要求高于一般的隔断墙，因此分户墙的龙骨框架会比较厚，而且需要相对密一些，这种墙体的优点在于平直、尺寸精准、耐火、防潮、轻便，同时易于安装（图4-15）。

内隔墙、外墙内侧或吊顶铺设的板材通常是防火石膏板，厚度采用9～15mm，合理选用防火石膏板的厚度铺设的层数，可以达到1h以上等不同耐火极限的要求。此外石膏板还有一个优良特性——呼吸功能，可在雨季吸收空气内大量的水，使室内的空气保持干燥，而在秋冬季节比较干燥的时候可把储存的大量水分释放出来以调节室内的空气湿度，住在石膏板的房子里比砖石水泥砌筑的房子舒适是显而易见的。

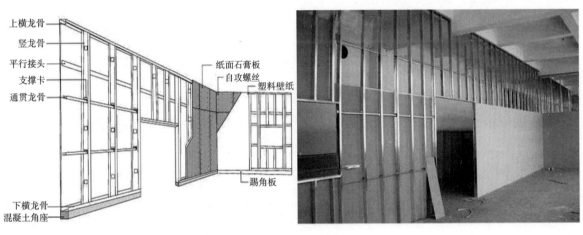

图4-15　钢龙骨隔墙

四、管线设备体

与重钢结构体系装配式住宅一样，轻钢结构体系装配式建筑设备也应满足建筑设备各系统的功能有效、运行安全、维修方便等基本要求（图4-16、图4-17）。管线的设计，应相对集中，布置紧凑，合理占用空间，设备布线应满足集约化、集中性、可变性和耐久性原则[1]。例如，竖向管道应采取集中布置，设置专用管道井或管道夹墙，或采取工厂预制管道现场安装。管井或管道夹墙应设置检修门，并应开向公共空间，方便查表和检修。集中管井通常设置在楼电梯间与住户分隔墙的连接处，这种做法不但适用于钢结构住宅，在混凝土结构住宅中也被广泛采用。

---

① 叶之皓. 我国装配式钢结构住宅现状及对策研究 [D]. 南昌：南昌大学，2012.

图4-16 装配式钢结构住宅室内管线设备　　　　　　　　　图4-17 配式钢结构住宅室外污水处理设备

钢结构体系装配式住宅发展与展望

　　装配式钢结构住宅体系源于欧美，经过近几十年的发展，已经形成一整套十分成熟的技术，并在日本得到了进一步的研究和开发，使之成为21世纪改善人类居住环境的理想产品。装配建筑并不是新鲜概念，中国古代的木结构建筑就已成功应用了装配施工方法，以宋《营造法式》为代表的著作就对装配化的木构件的尺寸标准体系、构件样式等有了系统化的阐述，促进了木结构建筑技术的成熟和广泛应用。由此可见，现场装配程度的提高，依赖于尺寸标准化建筑构件的采用，使建筑物的宏观尺寸与微观构件尺寸密切联系，相互协调。

　　随着全球经济的快速发展，钢结构住宅在欧美、日本等发达国家得到了深入的发展，已经形成了一整套较为成熟的技术。在众多的住宅建筑结构中，钢结构住宅以其工厂化生产、自重轻、施工周期短、施工污染环境少、抗震性能好等诸多优点，越来越受到民众的青睐。钢结构房屋建筑体系在20世纪30年代得到快速发展，40年代后期出现了门式刚架结构，60年代开始大量应用由压型及冷弯薄壁型钢檩条组成的轻钢围护体系。高层钢结构和大跨钢结构已成为发达国家采用的主要结构形式。新中国成立初期，我国的钢结构仅有部分工业厂房。随着20世纪80年代整个改革开放大好形势的出现，我国的钢产量逐年增加，迎来了钢结构建筑发展的大好局面，至今先后建成了北京国贸大厦、中国工商银行、香港中国银行、上海金茂大厦、深圳地王大厦及各地新机场候机楼和大规模的体育场馆和大批超高层和大跨度钢结构建筑。轻钢结构体系装配式建筑通常应用于低层（3层以下）或多层建筑物（4～6层），重钢结构体系装配式建筑通常英语高层建筑物（大于6层）。相对于装配式混凝土建筑而言，装配式钢结构建筑具有以下优点：①没有现场现浇节点，安装速度更快，施工质量更容易得到保证；②钢结构是延性材料，具有更好的抗震性能；③相对于混凝土结构，钢结构自重更轻，基础造价更低；④钢结构是可回收材料，更加绿色环保；⑤精心设计的钢结构装配式建筑，比装配式混凝土建筑具有更好的经济性。⑥梁柱截面更小，可获得更多的使用面积。

同时也应妥善处理好装配式钢结构建筑的缺点：①相对于装配式混凝土结构，外墙体系与传统建筑存在差别，较为复杂。②如果处理不当或者没有经验，防火和防腐问题需要引起重视。③如设计不当，钢结构比传统混凝土结构更贵，但相对装配式混凝土建筑而言，仍然具有一定的经济性。

现代钢铁制造业是大机器工业的产物，机器制造的产品虽比不上手工制作的多样灵活，但其进行简单重复劳作却很有优势，而且产品稳定性更是人工所无法比拟的。现今建筑钢结构构件大量使用的型钢在业内已形成完善的标准，这为其进行装配施工带来很大的便利，而且与之配套的连接方法无论栓接或焊接工艺都很快捷，其充分体现出装配施工方法的特点——连接迅速，且连接处基本上可以立即产生强度，无须大量辅助构件的支持。可见，由于钢结构构件生产加工工艺很容易使其同时满足预制构件尺寸标准化、精确度高和构件易于现场快捷高强连接的要求，钢结构本身就是理想的装配式结构体系。

第四节
案例分析

案例一
济南艾菲尔花园钢结构住宅小区

1. 工程概况

艾菲尔花园位于济南市西郊，北邻经六路，东邻营市西街，地理位置优越交通便捷，周围医院中学、购物场所等配套设施极为完善。小区占地面积2.53hm²，规划用地1.91hm²。总建筑面积42766m²，容积率2.04，绿地率35%。由3栋小高层和3栋多层住宅组成。其中A1、A2、A3住宅楼为小高层，地上11层加阁楼，地下1层，建筑面积35766m²。B1、B2、B3住宅楼为多层住宅，地上6层加阁楼，地下1层。建筑面积12830m²。主力户型为3室2厅、2室2厅，面积57～140m²。小区总户数334户。

2. 建筑设计

艾菲尔花园的户型设计遵循钢结构构件标准化设计、多样化组合的特点。住宅的开间进深遵循模数化的原则，同时住宅户型规则规整，提高钢结构住宅产业的工业化水平。尽量减少凸凹变化。在合理满足户型

图4-18　艾菲尔花园

使用功能的条件下将建筑体形系数降至最低（图4-18）。这样对建筑节能结构布置、墙板安装及降低造价十分有利。户型平面分区以动静、洁污、公私分离为原则。各功能分区明确合理，交通流线简捷顺畅，避免交叉干扰出现交通面积的浪费。在各功能空间尺度的比例协调方面，充分考虑到济南市民的生活习惯，合理分配各功能房间的进深和开间。房间的内部设计充分体现人性化，与各专业密切配合，提供协调理想的家具布置空间。细化建筑的细部节点，让建筑材料与钢结构完美的结合，与设备管线更好地协调。楼电梯隔墙采用陶粒混凝土砌块，其余内外墙均采用轻质墙板[①]。

　　钢结构住宅设计在满足近期使用要求的同时，兼顾以后改造的可能，体现了钢结构住宅的可持续发展和环保的优越性。钢结构住宅充分发挥其钢结构强度高、刚度大的特点，采用大开间设计，满足用户灵活分隔的需求、时代发展和生活水平的进步，以及观念的更新对住宅户型设计产生的新的需求，延长户型设计的使用寿命。住宅装修可根据不同标准采用菜单式设计，供住户直观选择。编制商品住宅套房装修材料清单及环保性能评价指标经用户选择后统一施工，一次到位，避免二次装修对环境的污染和材料浪费。

3. 钢结构住宅的防腐和防火

　　在艾菲尔花园钢构件的防腐措施上，构件选用表面原始锈蚀等级不低于B级的钢材，并采用喷砂（抛丸）、除锈，除锈等级不低于Sa2级。结构上的涂层与除锈等级匹配，采用高氯化聚乙烯

---

① 郭奇，孙翠鹏. 中国住宅产业的发展趋势：济南艾菲尔花园钢结构住宅小区 [J]. 建筑创作，2006（11）：98-103.

图4-19 艾菲尔花园钢结构

或环氧树脂类高质量防锈漆。在防火措施上，根据住宅建筑的耐火等级确定构件的耐火极限，采取不同的防火措施，如包覆硅酸钙防火板、喷涂防火涂料、喷抹防火砂浆等。地下室、车库及储藏室内钢结构构件采取涂抹防火砂浆、喷涂防火涂料等方式防火，住宅内钢结构采用包覆防火板防火。在采用喷涂防火涂料时，耐火极限不低于1.5h的钢构件采用厚涂型防火涂料。当采用薄涂型防火涂料时，涂料的厚度根据公安部研究机构核准的数据设计（图4-19）。

4．钢结构住宅的优势

经过对艾菲尔花园的设计和在施工现场的考察，相比于砖混结构，钢筋混凝土结构，具有诸多优越性。大量的构件及围护墙体都在工厂制作，施工速度快，工期缩短了1/3以上，综合造价降低5%。施工时大大减少了砂、石、水泥的用量，现场湿法施工大量减少，施工环境和环保效果好。建筑以大开间设计，户内空间可多方案分隔，满足用户的不同需求，而且户内的有效使用面积提高6%（图4-20）。

图4-20 艾菲尔花园细部

案例二
梦想居未来屋示范项目

1．工程概况

"梦想居"未来屋示范项目（以下简称"梦想居"）位于常州市武进区江苏省绿色建筑博览园内，项目总建筑面积420m²，由12个3m×6m×3m的标准空间模块和独立连廊组合成四合院（图4-21）。南面是4个模块的老年居住单元，东西两侧为2个模块的青年居住单元，北面是4个模块的公共活动单元（图4-22）。"梦想居"具有健康、产能、低碳、多用途、有文化特色等八大特点[①]。设计研发的目标为：从材料构件加工、构件组装到现场组装空间模块，全面实现工厂化制造、机械化装配的工业化建造方式。预制构件和空间模块在位于南京的工厂生产组装完成，在施工现场进行空间模块之间的拼装，过程简易快捷。

---

① 张宏，张莹莹，王玉，等. 绿色节能技术协同应用模式实践探索——以东南大学"梦想居"未来屋示范项目为例 [J]. 建筑学报，2016（5）：81-85.

图4-21 梦想居未来屋鸟瞰

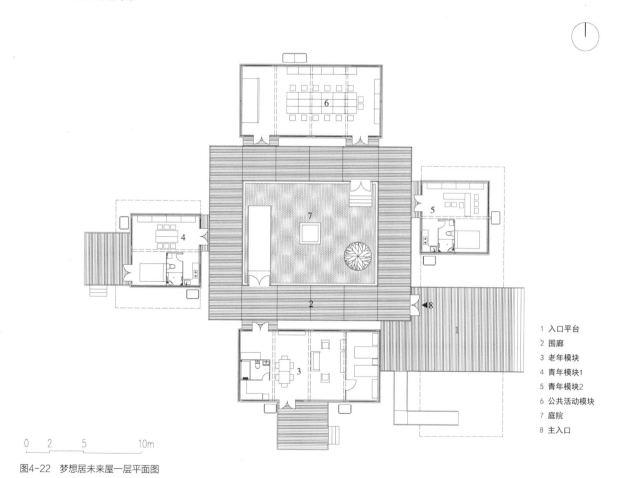

0 2   5   10m

图4-22 梦想居未来屋一层平面图

1 入口平台
2 围廊
3 老年模块
4 青年模块1
5 青年模块2
6 公共活动模块
7 庭院
8 主入口

2. 协同设计

目前，常规建筑施工图设计模式下的工种配合与协同设计有明显区别。施工图设计的工种配合更多体现在遵循国家设计规范标准和设计项目具体要求之间的目标配合上，而达到全过程控制高效率的工业化建造、实现高质量的房屋建设的目标还有很大的距离。如何实现协同设计的目标呢？将房屋分为结构体、围护体、装修体、功能体（设备、管线）等若干个构件组，整个设计研发团队在领衔团队的组织带领下，针对不同的构件组，在设计之初，运行技术协同构架，与协同单位和企业一起组织整个设计研发、生产和建造过程。由于组成房屋的、与绿色节能技术相关的构件和构件组之间进行协同设计和建造，目标明确，配合沟通顺畅，有利于实现"协同管理"（图4-23）。

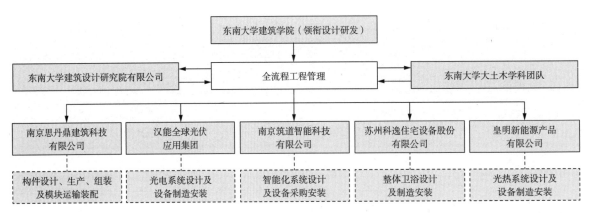

图4-23 协同设计技术

以结构体为例，完成标准单元的结构设计后，设计图纸传递给制造和装配企业；企业的设计师再完成结构构件的生产加工节点图，同时将生产加工中会遇到的问题反馈给设计研发方，及时对结构体的设计进行修改。经过多次完善，设计团队与协同企业共同完成符合生产装配条件的结构体设计，然后企业开始生产组装结构构件。由于协同设计建立在详细的构件明细表和构件加工装配图上，所以每一阶段参与团队的分工都明确有序。各协同单位可以根据构件建造图和安装流程表，及时安排生产制作和装配任务，从而实现运用绿色节能技术协同模式、建造维护绿色建筑的目标。

3. 绿色建造技术

梦想居的建造过程从一开始就是一种分类、选择与合作的过程，即将各种建筑构件、设备厂家联系协同在一起，进行设计研发和建造。由于梦想居是东南大学的第四代轻型房屋系统产品，已建立起系统的构件库，只需针对项目特点从中选择合适的构件。构件产品选定之后，由厂家研发团队根据要求对产品作进一步优化。所有合作企业将各自的构件和设备产品按照构件明细表，在规定的时间内将构件送到装配工厂，进行空间模块的组装。空间模块组装完成后整体运送到建筑现场，逐个吊装连接，完成整个房屋系统的装配，整个装配过程清晰有序。约80%的工程量在工厂完成，减少了施工现场粉尘、垃圾、噪声排放量，提高了施工现场的整洁度，减少了对环境的施工污染。因为梦想居构件之间、空间模块之间均采用螺栓连接，便于拆卸重建，所以能够减少对环境的不利影响。经实验统计，太阳能可移动轻型房屋系统可重复周转使用30次以上，能满足短时间内大量性临时房屋空间使用的需求（如救灾用房、临时居住区、临时候车厅）。梦想居在构件和空间模块层面重复使用，改变了构件材料回收再利用模式（回收回炉再成型再耗能式），提高了节能减排效率。

4．房屋系统技术

1）结构体绿色节能技术

梦想居东西两边是两个空间模块组成的平屋顶建筑，南北两栋建筑分别由4个空间模块构成近80m²大空间，采用了坡屋顶。主结构体和坡屋顶结构体分别由60mm×60mm的方钢管与独立节点，用螺栓连接成空间立体框架，纵向墙框架和坡屋顶框架上装有十字交叉斜拉索钢构件，具有很强的结构稳定性，抗结构变形，从而满足运输、装配、使用过程中多种工况受力的需要（图4-24）。各标准空间模块之间螺栓连接固定后，还能够获得更大的整体强度。为了实现快速拆装、环境友好的目标，基础构件组的设计非常重

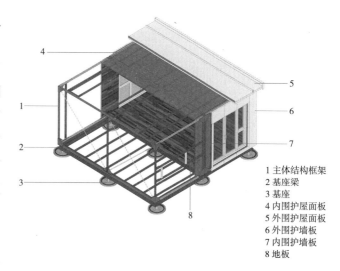

1 主体结构框架
2 基座梁
3 基座
4 内围护屋面板
5 外围护屋面板
6 外围护墙板
7 内围护墙板
8 地板

图4-24　梦想居未来屋居住单元结构体

要。传统的基础形式由于需要开挖地基，很难实现可逆的建造行为，如果在对环境保护要求较高的地方（如海岛和湿地），开挖还可能会对环境造成不可弥补的破坏。因此，梦想居项目研发生产了可调节高度的高强度独立基座基础构件组，通过抗拔构件，将基础牢牢固定在地面上，以抵抗风等水平荷载。由于梦想居轻型房屋系统自重较轻（200～250kg/m²），所以对建造场地只需作基本的处理即可安放基座基础构件组，最大限度地降低了对环境的不利影响，是一种环境友好型的绿色房屋产品[①]。

2）围护体绿色节能技术

为了保证建筑的保温隔热性能，梦想居的标准空间模块和屋顶都采用了内外两层合围护体，分别安装在60mm方钢管结构构件的两侧，内、外围护体之间形成了封闭空气腔。内、外围护体均采用外侧覆有铝箔的聚氨酯保温板作为内芯，可以防辐射热，加强了复合围护体保温隔热性能。木饰面作为围护体内面层，将性能与室内装修相结合（图4-25）。

外围护体用竖向三角形空腔轻钢专龙骨，将相邻外围护体铝板的边缘用线型卡扣构造，卡固在一起，连接在方管结构体上。这不仅使安装过程简单快捷，而且能有效地保证外围护体的防水性和空气密闭性。屋顶面板同样采用了内填保温材料加铝箔的铝复合板，这不仅减少了房屋系统

① 张宏，丛勐，张睿哲，等．一种预组装房屋系统的设计研发、改进与应用——建筑产品模式与新型建筑学构建 [J]．新建筑，2017（2）：19-23．

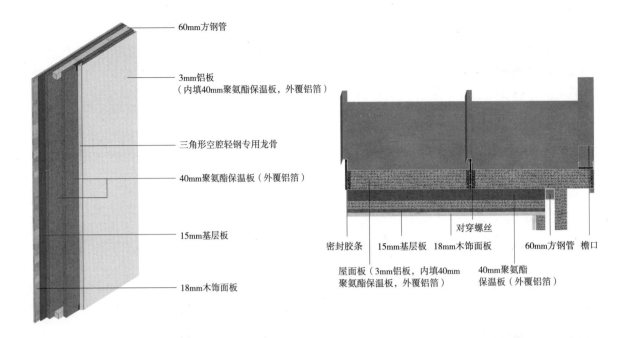

60mm方钢管	
3mm铝板 （内填40mm聚氨酯保温板，外覆铝箔）	
三角形空腔轻钢专用龙骨	
40mm聚氨酯保温板（外覆铝箔）	
15mm基层板	对穿螺丝
18mm木饰面板	密封胶条 15mm基层板 18mm木饰面板 60mm方钢管 檐口

屋面板（3mm铝板，内填40mm聚氨酯保温板，外覆铝箔）　40mm聚氨酯保温板（外覆铝箔）

（a）墙板构造示意　　　　　　　　　　　　　　（b）屋面板构造示意

图4-25　梦想居未来屋围护体构造示意

构件的类型，而且减轻了屋顶的重量，同时具有良好的耐久性，能够抵抗雨雪风霜的侵蚀。每块屋面铝板相互卡扣咬合，屋面板脊间嵌有密封胶条，并通过对穿螺丝夹紧，有效地防止雨雪渗入。白色的铝板外表面，在夏热冬冷地区，有较好的防晒效果（图4-26、图4-27）。

3）智能化节能设计

梦想居室内采用空气净化系统和直饮水系统，并实时监控室内$PM_{2.5}$的数值，智能启动室内空气净化系统，为居住者提供舒适健康的生活环境。室内管线、设备及灯具露明布置，以方便维护维修和快速拆装。长短坡屋顶模块形成的高侧窗，配合电动窗帘，控制北侧自然光线进入，获得充足稳定的采光来减少室内电灯照明时间。另外，梦想居还采用了智能控制系统，通过能终端与APP应用的结合，控制遮阳、灯光、门禁、监控和空调使用，实现节能减排，为用户提供"互联网+"模式下的未来之家。

4）建筑产能技术

梦想居太阳能光电光热系统，采用了两种太阳能板安装使用方式：屋顶一体式和独立太阳能架式。屋顶一体式太阳能系统将支撑太阳能板的龙骨直接安装在坡屋顶外表面上；独立太阳能架

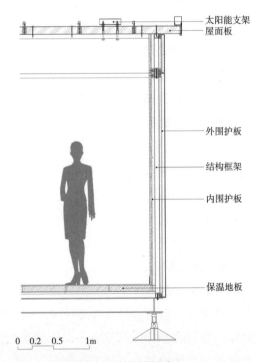

太阳能支架
屋面板
外围护板
结构框架
内围护板
保温地板

0 0.2 0.5 1m

图4-26　梦想居未来屋围护体剖面示意

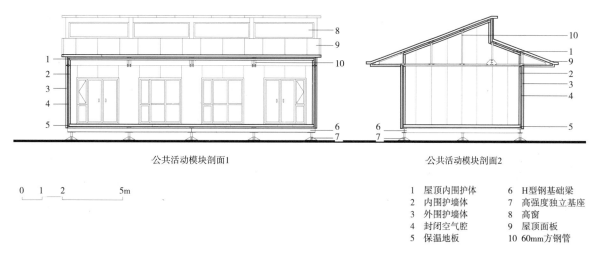

公共活动模块剖面1　　　　　　　　　　　　　　　　公共活动模块剖面2

0　1　2　　　5m

1 屋顶内围护体	6 H型钢基础梁
2 内围护墙体	7 高强度独立基座
3 外围护墙体	8 高窗
4 封闭空气腔	9 屋顶面板
5 保温地板	10 60mm方钢管

图4-27 梦想居未来屋围护体剖面示意

作为完整的构件组，可以根据项目的需要增减其数量，灵活性大。梦想居光电系统采用并网发电系统，实现分布式产能供电。在此项目中，安装了170块光伏发电板，每年发电3.1万kW·h，除供建筑自身用电，还每年为电网系统提供1.7万kW·h的电力，是一栋产能的房屋。此外，3m宽的回廊里还设置有多部自发电健身器材，能将居住者健身运动时产生的动能转化成电能储存起来，供电脑、手机、灯具等充电。

5）污水生态处理技术

梦想居还配置了东南大学能源与环境学院团队研发的小型分散式生物生态污水处系统，以实现节能的污水处理、高效和稳定的出水水质。通过灰水、黑水相分离，生物、生态处理工艺相结合，设计"高效折板厌氧反应器—缺氧调节池—水车跌水充氧接触氧化—景观型人工湿地"的生物生态组合式污水处理工艺，达到去除生活污水中的氮磷营养盐等物质。污水中的有机物主要通过生化方法去除，氮磷营养盐在生态处理单元依靠基质和植物根系的过滤、吸附、吸收等过程实现资源化利用。房屋内污水处理后的水质达到《城镇污水处理厂污染物排放标准》GB 18918—2002的A级标准，可回用于厕所便器冲洗和绿化灌溉。污水中的多种污染物质也可以得到充分资源化利用：用于生产碳源产沼气；氮磷用作肥料，培养植物，构建生态景观。

6）被动式节能技术应用

（1）阳光房热缓冲区设计

梦想居项目在设计建造中遵循"多适应性"原则，采用被动式节能技术。四合院连接各单元的3m宽的回廊不仅提供了全天候的活动场地，而且还起到了热缓冲区的作用。冬天，将回廊顶部和四面的遮阳帘开启，内部空气经过太阳加热后温度迅速上升，形成蓄热阳光房；夏天，遮阳帘全部关闭，四周窗户开启，形成自然通风，控制廊内环境温湿度。同时，遮阳帘的开启与关闭可以形成错落有致的光影效果（图4-28）。

（2）"家具墙"和过渡空间节能

为了丰富梦想居的功能和用途，其组合式"家具墙"采用模块化设计，用有限的准构件拼装出灵活多变的家具使用形式。东西两边青年居住单元，组合式"家具墙"将橱柜和桌椅等家具整

图4-28　梦想居未来屋阳光房缓冲区

合其中。"家具墙"分为4个相对独立的模块,与桌椅等家具采用了统一的模数。桌子由椅子构件和桌板构件拼装而成,也都可收纳进"家具墙"中。组合式"家具墙"增强了外围护结构的保温性能。北边的公共活动单元东西两端,通过过渡节能空间和"家具墙"的设置,也增强了东、西外围护结构的保温性能。南边老年居住单元的设计,将无障碍的整体式厨房和卫浴设置在西端,形成了节能过渡空间。

7)低碳房屋系统

通过碳排放计算,在100年碳排放评价期内,梦想居的碳排放量呈抛物线下降的趋势。这是因为在100年内,寿命30年的建筑共完成3次全生命周期,50年的建筑完成2次全生命周期,其中设备更换1次;100年的建筑完成1次全生命周期,其中设备更换3次,围护体更换1次。所以,长寿命建筑具有低碳性,延长建筑的使用寿命,是最大的节能减排产品。梦想居未来屋中的结构体、围护体、设备体都是独立构件组,而且构件之间全部通过螺栓连接,方便拆卸维护与更换,这就为长寿命设计提供了技术支持。同时,系统中尽可能采用了低排放、可回收的建材,进一步降低了资源和能源消耗(图4-29)。

生命周期	建材开采生产阶段P1	物流阶段 P2	装配阶段 P3	使用和维护阶段P4	拆卸和回收阶段P5	总量(t)
30年碳排放量(t)	244.74	5.60	2.00	83	6.84	342.18
50年碳排放量(t)	244.74+136	5.60+2.48	2.00+0.40	83×1.6	6.84	530.86
	50年期间,设备体更换一次					
100年碳排放量(t)	244.74+136×3+18.62	5.60+2.48×3+0.28	2.00+0.40×3+0.18	83×3.3	6.84	968.80
	100年期间,设备体更换3次;围护体更换1次					

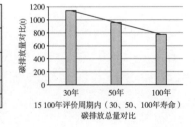

15 100年评价周期内(30、50、100年寿命)碳排放总量对比

图4-29　梦想居未来屋碳排放计算

1. 工程概况

钱江世纪城人才专项用房是我国在建规模最大的钢结构绿色建筑保障房项目。项目位于浙江省杭州市萧山区钱江世纪城，属于保障性住房项目，是由15幢32层高层建筑和1幢40层超高层建筑组成的钢结构绿色建筑群，总建筑面积约66万m²（图4-30）。一期二标段由5栋高层组成，总建筑面积185516.7m²，其中地上部分建筑面积118992.2m²，地下部分面积67524.5m²。项目由东南网架施工总承包，结构形式为钢框架-支撑体系。项目全部采用浙江某钢结构企业自主创新的住宅产业化核心成套集成技术，采用最新研发的钢管束组合结构住宅体系，楼板和屋面均采用自主研发的可拆卸式或焊接式预制装配式钢筋桁架楼承板成套集成技术，钢筋桁架在工厂全自动生产，质量可靠，同时将钢筋绑扎作业由高空转到工厂，减少施工现场的危险源，不需要模板和脚手架支撑系统，可多层同时或交叉施工，可拆卸式底模可重复利用，大幅度提高施工效率和工程质量，降低了工程费用。

2. 技术应用

1）建筑平面

地下2层，局部带夹层，地上塔楼建筑层数30层（不含屋面层及机房层），塔楼带2层裙房，建筑总高度为98.1m，住宅每层为6户，地上建筑面积12482m²，标准层高2.9m。项目设计根据国家标准采用统一模数协调尺寸，共设计3种户型，其中70m²系列两种、50m²系列一种，共1632室，三种户型面积占总建筑面积的比例为100%。

图4-30 钱江世纪城人才专项用房项目效果图

2）结构施工

本工程构件及部品的安装连接施工简便，安全可靠，梁柱节点均采用栓焊结合，墙板等部品与主体连接采用柔性连接件，系统性墙，同时经济性好。梁柱构件吊装严格安装专项方案要求，采用分配梁起吊。围护结构采用装配式条板，表面平整，处理无须抹灰，仅刮腻子层即可。外墙采用纤维水泥板结合轻钢龙骨外挂，施工过程无须搭设脚手架，仅采用吊篮即可完成施工，同时，根据进度设置安全防护系统。楼板采用桁架模板，钢筋桁架车间加工成型，现场铺设，施工过程无须搭设模板及支撑架（图4-31）。

3）围护系统

外墙和内墙采用自主研发的预制装配式CCA板轻质保温绿色环保整体灌浆墙或复合条板墙，不仅100%不含石棉、甲醛等放射性有害物质，同时还具有轻质、高强、高韧、防火、防水、防腐、防虫、保温、隔热、隔声、耐紫外线、抗冻融等优越性能，内墙采用预制纤维水泥板轻质复合墙体，屋面采用泡沫玻璃保温隔热，门窗采用新铝合金型窗框中空玻璃，传热系数均满足规定指标，具有较好的保温隔热效果。墙体以轻钢龙骨为骨架，以纤维水泥板覆面，外墙外侧为高密度板，外墙内侧及内墙面为中密度板（图4-32）。

4）一体化装修技术

项目采用一体化装修施工组织设计方案，实现部品的工厂化生产与现场施工工序、部品的生产工艺与施工安装工艺协调配合。采用标准化的整体厨房和集成卫浴，提高装饰装修质量和改善居住品质。设计与主体结构、机电设备设计紧密结合，并建立协同工作机制，装修设计采用标准

图4-31 钱江世纪城人才专项用房项目施工图

图4-32　钱江世纪城人才专项用房项目围护系统图

化、模数化设计；各构件、部品与主体结构之间的尺寸匹配，易于装修工程的装配化施工，墙、地面块材铺装基本保证现场无二次加工。

5）信息化技术

方案设计采用结构性能分析、通常采用有限元抗震分析、建模分析、碰撞检查等，以及方案优化等。深化设计采用Tekla Structures模型，并采用ERP企业管理系统，随项目设计、构件生产及施工建造等环节实施信息共享、有效传递和协同工作；建立信息模型等。构件设计采用设计软件、有力学测算软件、深化设计软件、抗震分析软件等，并采用条形码将设计信息传递给后续环节。

6）构件生产质量控制

公司拥有成套构件加工生产线以及完善的ISO质量管理体系和通过AISC美标质量管理体系认证。同时针对不同的构件、部品，均有相应的技术标准、工艺流程和指导书，经过培训并通过考核的专业操作工人能很好地完成构件加工和制作。本项目所有构件在加工阶段，对其进行编号、设置二维码，包含制作日期、合格状态、生产工段及责任人，作为原始数据录入公司ERP系统的质量可追溯模块。构件生产过程中，质量自检记录及驻场监理质量验收记录均完整归档保存，和出厂检验报告、进场验收报告一同作为工程验收资料。

7）能源利用

项目的生活给水系统采用分区供水，由市政直供和无负压变频设备供水组成。在地下室设置3座共150t雨水收集池。通过雨水净化过滤设备处理后回用于绿化灌溉。采用太阳能光导管照明技术，在4.46万m²面积中设置24套直径510mm光导太阳能照明系统，年节电量约1.8万kW·h（图4-33、图4-34）。

图4-33 雨水回收、绿化灌溉系统

图4-34 太阳能光导管照明系统

3.成本和效益分析

1）成本、用工和用时分析

项目综合造价与混凝土基本持平，随着用工紧张及人工成本上涨，其综合社会经济效益将更加明显；项目构件采用工厂化生产，现场作业量减少。相比传统的钢筋混凝土，单栋峰值建筑工人100人，而钢结构仅需30人左右，人工用量减少约70%；用时分析，项目采用钢结构，大幅锁单了建设周期，较传统混凝土结构工期缩短了27.34%（表4-1）。

施工速度比较 表4-1

结构体系	钢结构	钢筋混凝土结构
有效施工周期（d）	930	1280
相对提前工期（%）	27.34	0

2）四节一环保分析

本项目全部采用新型建筑工业化技术生产和建造，装配式绿色施工，减少建筑垃圾和扬尘污染，缩短建造工期，提升工程质量，将建筑污染关进了绿色建筑这个制度的"笼子"里。以3号楼（裙房以上标准层）为例，进行钢结构方案与钢筋混凝土方案分析节能减排、资源节约标记。节约钢材22.5%、降低施工用书63.39%、施工用电30.64%、木材消耗88.89%、水泥33.38%，减少施工垃圾和二次装修垃圾50%以上，墙体中工业废弃物利用率达70%以上，降低能耗37.38%，减少二氧化碳排放31.92%。

1．工程概况

南京新蓝天钢结构试验住宅由江苏新蓝天钢结构有限公司联合东南大学钢结构研究设计发展中心及中衡设计集团有限公司共同研发，试验住宅位于新蓝天钢结构有限公司厂区内，试验住宅原型为18层高层装配式钢结构住宅，实际以首层、标准层和顶层为代表建造（图4-35）。

2．关键技术

工程主体结构采用钢框架-双钢板组合剪力墙结构，柱截面采用异形组合多腔柱截面，梁截面采用高频焊接轻型H型钢，梁柱节点采用新型上环下隔节点，外墙板采用外挂预制混凝土夹心墙板，内墙板采用预制混凝土夹心墙板和蒸压轻质加气混凝土板（NALC板），楼板采用预制叠合楼板，首层楼梯为装配式钢楼梯，其余层采用预制混凝土楼梯（图4-36～图4-39）。

图4-35 南京新蓝天钢结构试验住宅项目

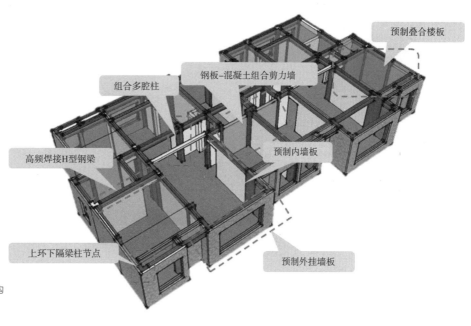

图4-36 南京新蓝天钢结构
试验住宅标准层结构体系

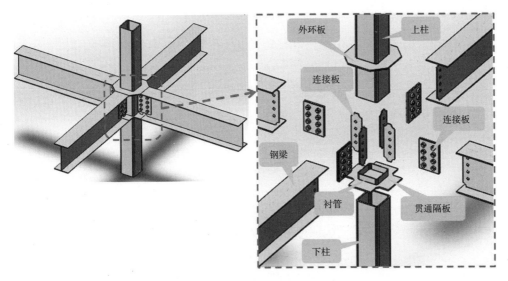

图4-37　装配式梁柱节点示意图

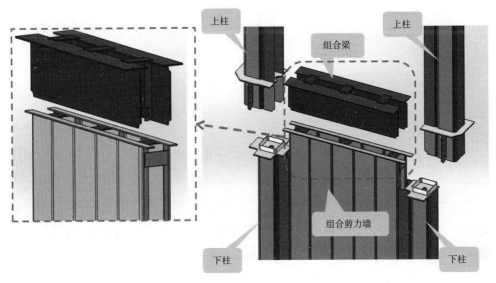

图4-38　装配式钢板-混凝土组合剪力墙示意图

图4-39　南京新蓝天钢结构试验住宅施工过程

3．平面户型（图4-40）

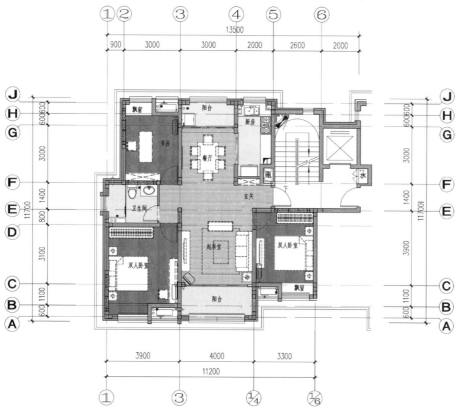

图4-40　南京新蓝天钢结构试验住宅标准层平面

4．室内装修

精装房的人群定位为：公租房人群。选用装修材料相对简洁大方，费用较低，易维护。此装修为精装房的交房标准，其中包含厨房与卫生间的装修。通过后期增加家具与软配及墙体局部背景墙，提升了房子的品质感，同时提升参观者的满足感，以及对美好生活的期待（图4-41、图4-42）。

图4-41　南京新蓝天钢结构试验住宅客厅精装效果图

图4-42　南京新蓝天钢结构试验住宅卧室精装效果图

案例五

昆山中南世纪城 21 号楼钢结构住宅项目

1．工程概况

　　昆山中南世纪城位于昆山市微山湖路与太湖北路交会处，为了化解过剩产能，同时响应国家大力发展新型工业化建筑的号召，中南集团选定昆山中南世纪城21号楼为试点，进行钢结构住宅的研发。21号楼地下2层，地上33层，总建筑面积15410.44m²，建筑高度96.65m（檐口），采用钢框架-中心支撑结构体系，是江苏省第一栋高层钢结构住宅。昆山中南世纪城21号楼最高处101.07m，建筑设有八角形、坡屋顶、铅笔头造型屋顶（图4-43、图4-44）。项目由中南置地开发，江苏中南建筑产业集团有限责任公司总包。

图4-43　昆山中南世纪城效果图

图4-44　昆山中南世纪城21号楼

2. 百变户型

住宅内部只留分户墙、厨房、卫生间，其余内部隔墙全部取消。套内隔墙根据小业主的需要，自由分隔空间。百变户型原型如图4-45所示。

在此户型基础上，可变化为4类户型（图4-46～图4-49）。

方案一：家有儿女，贴心家（2+1房2厅1卫）。两大朝南卧室、独立开敞书房，互不干扰。

方案二：二人世界，舒心家（1+1房2厅1卫）。公共与私密分区独立，互不干扰。

方案三：二人世界，阳光家（1+1房3厅1卫）。南向超宽采光卧室，男主人运动，女主人瑜伽。

方案四：自在家（1房3厅1卫）。运动、聚会，极致时尚。

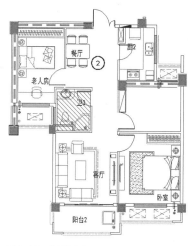

图4-45　户型原型

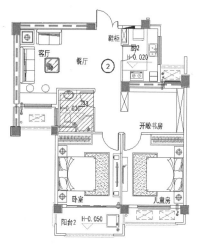

图4-46　方案一

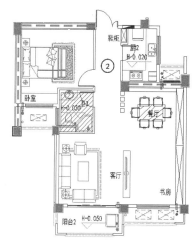

图4-47　方案二

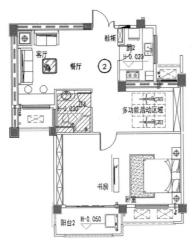

图4-48 方案三

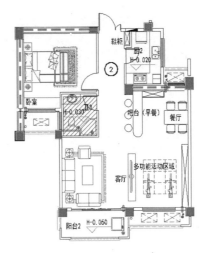

图4-49 方案四

3．结构概况

本工程采用的是钢框架-中心支撑结构体系。结构基本信息如表4-2所示。结构构件分为巨型钢管混凝土柱、梁、钢结构支撑、预制混凝土楼梯等。

层高（m）		平面尺寸		高度（m）	高宽比	长宽比
		长（m）	宽（m）			
1~33层	2.90					
-1层	2.80	35.6	18.35	96.65	5.267	1.94
-2层	2.70					

结构基本信息 表4-2

巨型钢管混凝土柱：高频焊接矩形钢管是将一定宽度的钢带，在常温条件下冷弯成型，然后通过高频焊接形成的型钢产品。与由4块钢板焊接而成的矩形钢管相比，冷弯高频焊接方钢管仅有一条通长焊缝，机械化生产，焊接变形影响范围小，焊接质量稳定，材料损耗少（图4-50）。

梁：结构梁主要采用热轧H型钢梁，热轧H型钢根据不同用途合理分配截面尺寸的高宽比，具有优良的力学性能和优越的使用性能。结构强度高，同工字钢相比，截面模数大，在承载条件相同时，可节约金属10%~15%。本工程钢材为Q345B级，部分为Q235B级（图4-51）。

钢结构支撑：支撑形式采用交叉支撑、人字形支撑，支撑截面采用矩形钢管，钢材Q345B级（图4-52）。

图4-50 巨型钢管混凝土柱

图4-51　钢结构梁

图4-52　钢结构支撑

4．墙板体系

外墙有支撑处采用CCA板（由外至内）+空气层+支撑+复合节能板（图4-53）。

外墙无支撑处采用CCA板（由外至内）+空气层+轻质复合节能板（图4-53）。

内墙有支撑处，复合节能板+支撑+复合节能板。

内墙无支撑处，轻质复合节能板。

图4-53　外墙板体系

5．钢筋桁架楼承板

（1）标准层、屋面、地下二层顶板板厚120mm，地下一层顶板板厚180mm。

（2）将楼板中的钢筋制作成钢筋桁架，并将钢筋桁架与镀锌钢板通过连接件连接在一起，形成易拆卸、可重复利用的节能组合模板，在其上浇筑混凝土形成楼板，混凝土等级为C30。

（3）考虑钢板多次周转使用，选用1mm厚钢板。待混凝土达到规定强度后，拆除钢模板，然后像普通混凝土楼板一样作饰面处理，板底不需要抹灰（图4-54、图4-55）。

其优点包括：①减少现场绑扎工作量70%左右，缩短工期；②大量减少现场模板及脚手架用量；③实现多层楼板同时施工；④钢筋排列均匀，提高施工质量；⑤钢板多次周转使用，其较普通压型钢板混凝土楼板经济，能减少造价。

图4-54　楼板体系

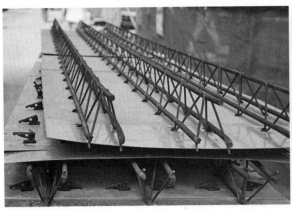

图4-55　楼板体系施工图

　　本章介绍了重钢和轻钢两种结构体系的装配式住宅，按照装配式住宅的构件系统分类，结构功能体、围护功能体、装修功能体与设备功能体的线索对其进行了介绍和阐述，并通过两个实际案例展示了钢结构体系装配式住宅的优势和前景。

木结构体系工业化
装配式住宅

木结构体系装配式住宅的类型

除了钢筋混凝土结构体系和钢结构体系，木结构体系也是装配式住宅的主要类型之一。和前两者相比，其优势在于所用的木材是可再生的，且住宅建成后物理性能良好，体现出生态环保的特点。同时，木材给人以心理上的亲切和认同感，是住宅的传统使用材料。由于木材性能的限制，木结构体系装配式住宅目前多为低层住宅。传统木结构住宅是我国古代主要的住宅类型，采用天然木材加工成梁、柱、斗栱等结构支撑构件，非承重构件也大量使用木材，其采用的榫卯连接方式对现代木结构装配式建筑具有一定的参考意义。

木结构体系装配式住宅根据所用木材的不同，可以分为重型木结构体系和轻型木结构体系两大类。重型木结构体系的构件所用的木材以大料或胶合的工程结构材为主，成本较高，而轻型木结构体系所用的规格材尺寸较小，比重型木结构有更高的木材利用率，成本较低。因此，在大量性的住宅建筑中，轻型木结构体系占比较高，而重型木结构体系则在低层公共建筑中使用较多。随着木材加工技术的发展，可用于高层住宅建造的工程木研发取得了突破，重型木结构体系高层住宅建设项目将改变目前以混凝土结构体系和钢结构体系装配式住宅为主的现状。

一、重型木结构体系装配式住宅

1. 什么叫重型木结构体系装配式住宅

重型木结构体系装配式住宅是指以木质工程结构材为主要材料，采用现代住宅设计理念和方法，在工厂生产梁、柱、拱等主要受力构件，运输至施工现场，用现代榫卯和连接构件进行装配而成的装配式住宅体系。重型木结构体系装配式住宅虽然与我国传统重型木结构住宅有传承关系，但是在材料的使用、设计和建造方式等方面有明显的不同。

重型木结构体系装配式住宅所用的木质工程结构材中最常用的是胶合木，其是把经过干燥处理的木材进行分级组合，再用胶粘剂胶合而形成，既保持了天然木材的外观和环保性能，又能突破天然木材尺寸上的限制，改善了天然木材的性能。胶合木分为层板胶合木和正交胶合木两种类型，其中层板胶合木常用作梁和柱，正交胶合木常用作墙体、屋面和楼面材料[①]。

2. 重型木结构体系装配式住宅的类型

现代主要的两种重型木结构体系装配式住宅是梁柱式木结构住宅和井干式木结构住宅（图5-1）。其中梁柱式木结构住宅基本不再使用原木，而是用胶合木作为主要材料。胶合木保留

---

① 岳孔，程秀才，陆伟东，等. 重型木结构在我国的应用和发展 [J]. 世界林业研究，2015，28（6）：58-62.

（a）梁柱式　　　　　　　　　　　　　　　　　（b）井干式

图5-1　重型木结构住宅示例

了天然木材的外观，但是在防火性能和造型的灵活性上比天然木材更有优势。井干式木结构住宅虽然仍然会用原木作为主材，但是，胶合木的使用也占相当大的比重。

梁柱式木结构体系住宅一般采用胶合木在工厂加工成梁、柱等构件，用现代榫卯把梁、柱装配连接成框架结构，再用胶合木或其他材料制作的墙体、楼板进行空间分隔。井干式木结构体系住宅又称原木结构住宅，用经过适当加工的方木、原木、胶合木作为基本构件，水平向上层层咬合叠加组成墙体。井干式木结构体系住宅为北欧最常见的住宅形式，在北美、韩国等地也较为常见。

由于材料、结构性能的限制，梁柱式木结构住宅和井干式木结构住宅适合建造低层住宅，在我国，这两类重型木结构体系适用于3层以下（带阁楼）的低层住宅的建造。

除了梁柱式木结构住宅和井干式木结构住宅，正交胶合木（Cross-Laminated Timber，CLT）结构体系住宅也可归类为重型木结构体系装配式住宅，它既有传统木结构住宅的优点，又突破了木结构住宅在建筑高度上的局限，可以建造中高层住宅（图5-2）。欧洲在20世纪90年代开始研究应用CLT结构体系住宅，目前在欧洲和北美得到了快速发展，采用CLT胶合板建造中高层住宅的技术已经较为成熟。在北美，加拿大不列颠哥伦比亚大学的学生公寓项目中，用CLT等工程木建造了一栋18层、53m高的学生宿舍楼。这是北美第一栋重型混合木结构体系高层住宅楼，也是高层木结构建筑示范项目（详见本章第四节案例分析）。而瑞典已经批准在斯德哥尔摩建设一栋34层高的木结构建筑[①]。目前，欧洲和北美以及亚洲的日本等地都有了CLT木结构建筑的标准。

从1995～2015年的20年间，随着CLT

图5-2　正交胶合木在中高层公寓中的应用

---

① 龚迎春，蔡芸，任海清. 我国木结构产业发展机遇与挑战 [J]. 林产工业，2016，43（7）：6-10.

建筑应用的推广，世界CLT产量从2.5万m³增长到100万m³，且仍然在快速增长[①]。在国家大力发展装配式建筑的背景下，CLT结构体系木结构住宅在我国将会有值得期待的前景。

3. 重型木结构体系装配式住宅的构件分类

重型木结构体系装配式住宅的构件可以分为结构构件、空间分隔构件、功能构件、装饰构件和连接构件等几大类（表5-1）。梁柱式木结构体系住宅的结构形式是木梁、柱装配成的框架结构承重，而井干式木结构体系住宅和CLT木结构体系住宅的结构形式是胶合木板或原木装配成的墙体来承重，因此，三种类型的重型木结构体系住宅的构件并不相同。

重型木结构体系装配式住宅的构件分组 表5-1

	结构构件组	围护构件组	空间分隔及装修构件组	管线设备构件组	连接构件组
梁柱式木结构体系住宅	梁、柱（用料：胶合木、原木、方木）	外墙板、屋面搁栅、屋面板、保温板、防水构件等	墙龙骨、石膏板、楼面搁栅、楼面板、楼梯、栏杆扶手、装饰格栅、窗套等	水电管线、暖通设备、厨房设备、卫生间设备等	榫卯、金属连接构件（螺栓、金属钉等）
井干式木结构体系住宅	原木叠垒墙体（用料：胶合木、原木、方木）	原木叠垒外墙、屋面搁栅、屋面板、保温板、防水构件等	原木叠垒内墙、楼面搁栅、楼面板、楼梯、栏杆扶手、装饰格栅、窗套等	水电管线、暖通设备、厨房设备、卫生间设备等	榫卯、木楔、通杆螺栓等
CLT木结构体系住宅	CLT墙板、楼板、屋面板、胶合木梁或钢梁	外墙板、屋面搁栅、屋面板、保温板、防水构件等	CLT墙板、楼面搁栅、楼面板、楼梯、栏杆扶手、装饰格栅、窗套等	水电管线、暖通设备、厨房设备、卫生间设备等	自攻螺钉、金属承载板等

4. 我国重型木结构体系装配式住宅应用现状

虽然木结构住宅在我国有非常好的应用基础，但是对林木的过度采伐使得林木资源匮乏，需要大型木材的木结构住宅基本上被砖混结构体系和钢筋混凝土结构体系住宅所取代，自20世纪80年代开始，我国木结构建筑基本停滞发展20余年[②]。

随着国际市场的放开以及退耕还林政策的落实，林木资源逐步进入良性循环，建筑用木材的供应能得到基本保障。同时，在国家发展装配式建筑的背景下，北美木屋等已得到成熟应用的木结构体系装配式住宅被引入国内，木结构体系建筑相对于砖石和混凝土建筑的性能优势和环保优势得到认可，木结构体系装配式住宅成为国家鼓励的发展方向。

目前，我国重型木结构体系装配式住宅主要是梁柱式木结构住宅和井干式木结构住宅，在市场中所占的比例要小于预制混凝土结构体系和钢结构体系装配式住宅。究其原因，一方面是因为其在造价上要略高于其余两者；另一方面，是因为技术的瓶颈导致重型木结构体系装配式住宅的体量只能是低层住宅（不超过3层加阁楼）。即便是和轻型木结构体系装配式住宅相比，重型木结

[①] 付红梅，王志强. 正交胶合木应用及发展前景 [J]. 林业机械与木工设备，2014, 42（3）: 4-7, 10.

[②] 郭伟，费本华，陈恩灵，等. 我国木结构建筑行业发展现状分析 [J]. 木材工业，2009, 23（2）: 19-22.

构体系装配式住宅也因为造价上的劣势而在市场占有率上位居其后。

CLT木结构体系住宅在欧洲和北美的中高层住宅中推广应用，技术已经较为成熟。CLT木结构体系住宅不仅突破了以往木结构体系住宅在高度上的局限，还继承了木结构建筑的环保优势和节能优势。在当前住宅产业化背景下，我国已经有企业投产CLT等工程木产品，CLT木结构体系住宅在我国将会有较好的发展前景。

在重型木结构体系装配式住宅的工程应用中，由于结构构件尺寸较大、重量较重，为了保证其精度和质量，结构构件都是在工厂生产出成品，运至施工现场进行装配。对于一些小尺度的木材构件，往往采取在现场加工和工厂生产结合的方式进行生产。

二、轻型木结构体系装配式住宅

1. 什么叫轻型木结构体系装配式住宅

与重型木结构体系住宅用到较多的大型构件不同，轻型木结构装配式住宅是指采用小尺寸规格材、木基结构板材或石膏板材制作的木骨架墙体、楼盖和屋盖系统构成的木结构体系住宅。

轻型木结构住宅按照结构形式分为连续墙骨木框架结构体系和平台框架式结构体系两种，其中前者的连续墙骨结构体在现场安装不便，而后者的楼盖和墙体相对独立，可分开建造，更适合后场预制和现场装配的模式，因此成为当前轻型木结构住宅的主流结构形式[①]（图5-3）。

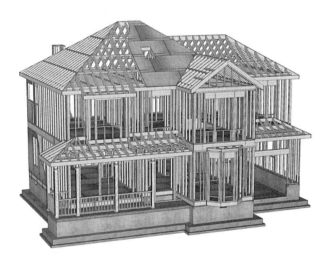

图5-3 轻型木结构住宅木结构剖析图

2. 轻型木结构体系装配式住宅的构件分类

由于连续墙骨木框架结构体系住宅已经被平台框架式结构体系所取代，为了与我国相关设计规范一致，此处所介绍的轻型木结构体系住宅即为平台框架式结构体系装配式住宅。

与重型木结构体系装配式住宅类似，轻型木结构体系装配式住宅的构件可以分为结构构件、外围护构件、空间分隔构件、装饰构件和连接构件等几大组（表5-2）。

轻型木结构体系装配式住宅的墙骨柱以一定的间距均匀布置，再结合结构面板构件，共同构成承重墙体。而楼面、屋面层可以用规格材均匀布置成搁栅，再结合楼面梁和结构面板，使之既具有结构支承功能，又具有空间分隔功能。木质工字梁代替楼面梁，可以在满足结构要求的情况下节约用材成本。

---

① 刘长春. 工业化住宅室内装修模块化研究 [M]. 北京：中国建筑工业出版社，2016：66-67.

结构构件组	围护构件组	空间分隔及装修构件组	管线设备构件组	连接构件
①木结构骨架（墙骨柱、墙顶梁板、楼面梁、脊梁、过梁等） ②结构面板（胶合板、水泥压力板、OSB*板等） ③木桁架	①墙体构件：承重墙体木结构骨架、非承重墙体规格材构件、面板构件、保温防水构件等 ②屋面构件：木桁架、椽条、屋盖用胶合板、保温防水构件等	①墙体构件：承重墙体木结构骨架、非承重墙体规格材构件、面板构件等 ②楼地面构件：楼盖搁栅、搁栅面板、顶棚等 ③楼梯、栏杆扶手等	水电管线、暖通设备、厨房设备、卫生间设备等	螺栓、金属钉、齿板等

*　OSB板（Oriented Strand Board，定向刨花板）是由速生木材的刨花定向铺装热压成型的一种结构人造板，在现代木结构建筑中使用较广。

3．我国轻型木结构体系装配式住宅的应用概况

轻型木结构体系装配式住宅的优点明显，例如：木材为可再生、可重复利用的环保材料；具有良好的抗震性能；和重型木结构相比，其所用木料为尺寸较小的规格材，既节约木材资源，又能降低造价。该体系的缺点也客观存在，例如：由于所用木材尺寸和结构体系性能的限制，轻型木结构体系装配式住宅的应用范围为单层或三层（加阁楼）以下多层住宅；和传统的低层住宅相比，其造价偏高。由于其优点和缺点的存在，轻型木结构体系装配式住宅适用于较为高端的单层或多层独立式住宅的建造，在经济发达地区，该体系装配式住宅具有良好的发展前景。

轻型木结构体系装配式住宅的发展对相应的技术标准和规范编制提出了更高的要求。我国目前施行的《木结构设计标准》GB 50005—2017把轻型木结构作为单独的章节进行定义，对其设计、构造要求作了详细的规定，并对梁、柱构件和基础的设计作出特别的要求。2012年，颁布了一批木结构住宅的规范，包括《木结构工程施工规范》GB/T 50772—2012、《木结构工程施工质量验收规范》GB 50206—2012、《轻型木桁架技术规范》JGJ/T 265—2012等。《木结构工程施工规范》GB/T 50772—2012详细介绍了轻型木结构的制作与安装的方法与要求。《木结构工程施工质量验收规范》GB 50206—2012对轻型木结构住宅的验收主控项目和验收要求作了规定。《轻型木桁架技术规范》JGJ/T 265—2012对木桁架的构件设计、连接设计、制作安装和防护要求等方面作了明确的规定。

有关木结构体系的地方标准和规范在近几年也密集出台，例如江苏省于2012年初实施的《轻型木结构建筑技术规程》DGJ32/TJ 129—2011结合江苏省的特点，对轻型木结构房屋的设计、结构构造、质量验收等方面作了详尽的要求。按照该技术规程的规定，还可以做混合轻型木结构住宅，即下部钢筋混凝土或砌体、钢结构，上部加3层轻型木结构，使得木结构住宅层数上有所突破，可以做到6层及6层以下。再如，上海市《工程木结构设计规范》DG/TJ 08—2192—2016于2016年发布实施，规范和推动了该市轻型木结构装配式住宅的发展。

在轻型木结构体系装配式住宅的发展过程中，国家和地方标准、规范对轻型木结构体系装配式住宅的应用推广具有积极的意义。通过一系列标准、规范的实施，住宅的建设水平提高，质量有了保障，住户接收认可度明显提高，轻型木结构体系装配式住宅将会有更好的应用前景。

木结构体系装配式住宅的生产和转运

一、木结构体系装配式住宅构件的生产

1. 木构件的生产工艺与流程

木结构体系装配式住宅有重型木结构体系和轻型木结构体系之分，构件种类繁多（表5.1、表5.2）。木构件在构件生产基地采用自动化生产设备进行批量化生产，尤其是数字化控制技术在木构件生产中的应用，可以提高构件生产的效率和构件产品质量，并减少木材资源的浪费。

木结构体系装配式住宅构件的生产过程应包括工厂生产木构件的前期工作和后期工作，包括设计任务研究、住宅方案设计、建筑和设计施工图设计、模块化构件的拆分、构件生产、打包运输、组装施工。

由于木结构体系装配式住宅不同部位的木构件在材料性能、构件形态与尺寸、构件连接形式等方面有不同的要求，因此，木结构生产企业会设置多条生产线来生产出各种类型的木构件。现有木构件的生产线一般分为胶合木生产线、墙体生产线、屋架桁架生产线等类型，其中轻型木结构体系的墙体木构件多使用由原木加工成的规格材。同时，胶合木大量用作重型木结构的结构构件和轻型木结构的覆面板（图5-4）。

目前，北美和欧洲的轻型木结构住宅使用模块化的"规格材"木构件，其中墙体竖筋和轻型木结构的梁柱系统大量采用规格为2英寸×4英寸（约为50mm×100mm）的规格材，因此用这些规格材建造的木结构住宅被称为"2×4"结构。1×2、2×2、2×4、2×6等规格材由原木制作，生产工艺包括如下流程：木材干燥后，开料、刨光形成规格材（一般可以直接采购规格材）[①]。

规格材加工完成后，用金属钉装配形成龙骨框架（窗洞和门洞按设计尺寸留好），在龙骨框架上用金属钉固定覆面板（一般为12mm厚的OSB板），形成轻型木结构组合墙体成品，到施工现场直接吊装好即可。轻质墙体可以在工厂完成面层装饰，也可以在施工现场墙体装配结束后进行墙体面层装饰。另外，轻质墙体的外墙、内墙墙骨柱所用的2×6规格材、2×4规格材也可根据运送和生产条件采用现场加工，现场装配的生产方式，以提高生产效率。目前，我国的轻型木结构体系住宅的技术和材料主要从加拿大引进，也广泛采用2×4构造工艺。

轻型木结构体系的楼面生产工艺采用规格材做成楼面层的木搁栅，木搁栅上装配承载力较好的板材（一般为15mm厚的OSB板），从而形成轻型木结构的楼面。由于住宅空间的平面布局和尺寸多样，楼面板的规格较为复杂，因此，楼屋面的装配通常采用在施工现场装配的方式完成。现场装配只要管理到位，能保证木结构房屋的装配质量。

胶合木构件通常被用作梁、柱等结构构件，一般采用工厂预制的形式进行生产。其生产工艺

[①] 王永兵，张伟，王建功，等. 木结构建筑组合墙体生产线设备的应用[J]. 林业机械与木工设备，2012，40（10）：53-55.

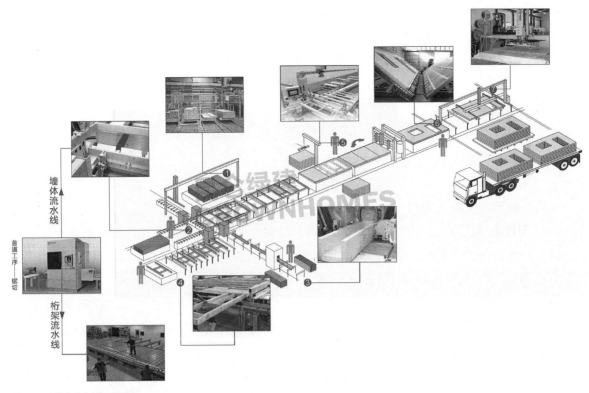

图5-4 木结构的生产工艺流程

包括如下流程：将规格材选材、去节、齿接、养生、干燥后进行刨光，保证板材胶合表面光滑，在胶合面涂胶后叠合并施加压力使其密合，在一定温度、湿度条件下固化胶层，形成构件的雏形，再进行刨光和砂光，开槽和打孔，最后形成构件[①]。

2．木构件的生产设备

木结构体系装配式住宅木构件的生产过程包括第一次生产和第二次生产。所谓第一次生产，是指原木采伐后通过机器设备粗加工成各种规格的锯材的过程；所谓第二次生产，是指把锯材加工成规格材、胶合木、指接板材等木构件成品的过程。在第二次生产完成后，还需要在工厂把规格材、板材等预装配成为整体式墙体。

木构件的第一次生产是粗加工的过程，需要用的设备包括旋皮机、剥皮机等。在加拿大卑诗省林业发展投资处提供的资料中，可以看到木构件粗加工过程所用的各种设备（图5-5）。

木结构体系装配式住宅木构件的第二次生产和预装配生产的主要生产设备包括不同类型木结构体系木材加工的通用设备、重型木结构体系构件的专用设备、墙体预装配设备等，各种设备的作用见表5-3。

---

① 郭莹洁，任海清. 结构用胶合木生产工艺研究进展 [J]. 世界林业研究，2011，24（6）：43-48.

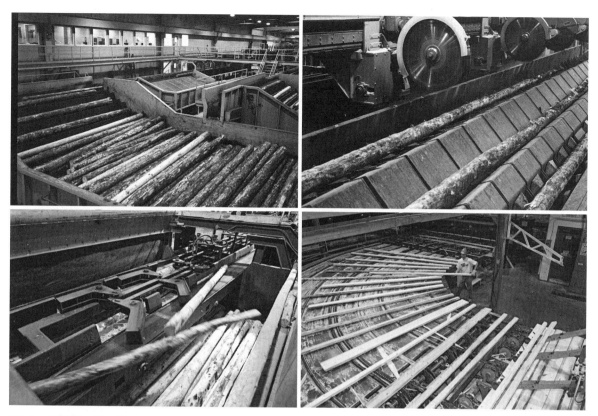

图5-5 木构件粗加工过程及设备

木构件生产设备示例与分类

表5-3

所属类别	设备名称	设备的作用	设备图片
通用生产设备	截锯	截材选料	
	两面刨、四面刨	刨削材面	
	涂胶机	涂抹黏合胶水	

所属类别	设备名称	设备的作用	设备图片
重型木构件专用生产设备	梳齿机	对指接木材梳齿开榫	
	指接机	指接出不同长度的板材	
	拼板拼方机	拼接规格方材	
	气动截断锯	采用气动原理快速截料形成规格材	
	端头开槽机	在木构件端头上钻孔和开槽	
墙体预装配设备	框架机	搭建、制作墙体龙骨框架	

所属类别	设备名称	设备的作用	设备图片
墙体预装配设备	呼吸纸组合机	用于在墙板外侧设置单向透气防水膜	
	墙体挂板操作机	把材料放于该操作机上进行外墙装饰	
	挂板操作台	可旋转，支撑墙体板以便现场加工	

3. 建筑信息模型在木构件生产中的应用

建筑信息模型（BIM）在木结构体系装配式住宅中的应用应包括从建筑设计、构件生产、建造施工到销售、运行维护，直至建筑拆除的全过程。木结构体系装配式住宅具体的BIM应用流程见表5-4。

木结构体系装配式住宅BIM全过程　　　　　　　　　　表5-4

	步骤一：设计	步骤二：构件生产	步骤三：建造	步骤四：销售	步骤五：运维	步骤六：拆除
参与者	BIM团队：建筑、室内、结构、给水排水、暖通、电气等专业	材料采购人员、材料供货方、材料生产人员	施工管理人员、工人	开发商、销售人员、业主	业主、物业管理者	回收管理者、工人
工作内容	BIM软件建模，后期碰撞检查，反馈修改设计	根据明细表数据订货，生产人员根据数据和模型生产构件	利用BIM进行施工进度模拟，并指导施工	三维、四维模型展示，销售住宅产品	根据BIM数据和模型进行故障修检	根据BIM数据和模型统计回收构件数量，决定拆解步骤

在未来的木结构体系装配式住宅构件的生产流程中，建筑信息模型（BIM）的应用将成为常态。在设计阶段所形成的构件信息通过BIM平台应用到生产过程和组装施工过程。木结构体系装

配式住宅在设计阶段采用参数化设计技术，生产基地在BIM平台中调取设计阶段形成的构件清单，得到木构件的规格和数量等信息，采用参数化手段，通过数控设备进行木构件的模块化生产。所谓木构件模块化生产，是指把某一类型木构件的加工程序作为固定模块，需要加工相近的木构件时，只要在该模块中输入新构件的参数，便可在数控设备上生产出项目需要的木构件。

当前，在国际上应用较广的木结构装配式住宅设计软件主要是来自澳大利亚的设计软件MiTek。通过专门程序的开发，该软件除了可以对木结构复杂的桁架、墙体框架等进行方案设计，还能进行报价和细节陈述，并为木结构住宅提供构件生产与库存控制、生产的调度和构件性能审核等方面的工具。国内也有专门的木结构设计软件，例如，"迟木匠"轻型木结构辅助设计软件是基于AutoCAD平台开发的专用设计软件，其在设计阶段形成的加工图、材料统计表等信息为木构件的生产提供准确的信息，可以大幅提高木构件的生产效率。

二、木结构体系装配式住宅构件的转运

1. 木结构体系装配式住宅木构件的转运方法

木结构体系装配式住宅木构件的转运可以分为两种：一种是预装配结束的大块构件整体转运（如轻质木结构墙体）；另一种是散装构件的转运（如各种尺寸的规格材）。

图5-6　散装木构件分类打包转运

木构件的转运可以通过轮船、火车、汽车等多种途径，最常见的运输工具是卡车。重型木结构的大尺寸构件整件吊装运送，而规格材等尺寸较小的木构件在必要时采用分类打包的方法来转运，以便装卸（图5-6）。

在构件工厂预装配的木结构墙体采用整体转运的形式，在运输卡车上设置转运墙体的专用架子，墙体被整体吊装到卡车上，通过专用架子可固定多块墙体。苏州昆仑绿建的预装配木结构墙体即采用这种方式来转运，墙体的最大尺寸为6m，超过6m的墙体拆分为两块或多块进行运输（图5-7、图5-8）。

图5-7　墙体打包

2. 木结构体系装配式住宅构件转运过程的注意点

和PC构件相比，木结构体系装配式住宅的构件相对较轻，转运方便。转运前的打包和转运、卸货过程要注意对木构件的保护，做到如下几点：

图5-8　墙体转运到施工现场

（1）转运之前，木构件缠绕防水膜打包，避免构件在转运过程中受潮。因为木构件要控制含水率在8%～12%，否则将来容易开裂。木结构体系装配式住宅的使用过程，胶合木表面需要打木蜡油，以维持木构件稳定的含水率。

（2）对转运过程容易碰撞的位置要包好，以免碰撞损坏。

（3）由于采用集装箱转运木构件时装、卸货难度较大，而普通卡车吊装方便，所以一般采用普通卡车进行木构件的转运。

（4）研究转运线路的限高、限宽要求，控制装车构件的高度和宽度，并防止超重。

木结构体系装配式住宅的构件装配

一、木结构体系装配式住宅的建造流程

1. 梁柱式木结构体系装配式住宅的建造

1）建造流程

梁柱式木结构体系装配式住宅建造的一般流程是：地基基础部分施工→主体结构部分施工→外装、内装部分施工。

2）地基基础的施工

梁柱式木结构体系装配式住宅的混凝土基础施工和传统砖混结构体系住宅的基础做法类似，可以采用条形基础、筏形基础或桩基，在基础的材料选择上主要是钢筋混凝土基础。

图5-9　地基基础的施工

需要在基础中预埋螺栓或植筋，以便与地板梁连接。同时，需要考虑管线设备预埋，且对于浅埋基础应考虑基础的变形对预埋管线的影响，以便后续施工（图5-9）。

3）主体结构部分的装配施工

在基础顶面的钢筋混凝土圈梁上安装地板梁，连接方式采用螺栓或植筋锚固，且地板梁与基础上表面之间设防潮层（图5-10）。梁柱式结构体系的柱子和基础不要直接接触，防止水分进入木材。

图5-10　地板梁的处理

梁柱式木结构体系装配式住宅是在木构件工厂预制后运送到施工现场装配的。梁和柱之间的连接、柱子和基础的连接都需要使用金属连接件（图5-11）。承重构件采用自下向上逐层装配的方法，下一层装配结束后，在梁上装配结构胶合板，作为上一层装配的操作平台。

屋架部分的构件运至现场，采用金属连接件进行构件的连接装配。

4）填充体部分的装配施工

梁柱式木结构体系装配式住宅的填充体包括非承重的填充墙体、楼面和屋面板、管道设备、厨卫设施、家具等。

填充墙和结构构件之间通常通过钉、螺栓等金属连接构件进行连接。金属连接构件可以是裸露的，也可以把螺杆或钢筋植入结构构件中，从而隐藏连接节点，既美观又能提高节点的耐久性能和防火性能。填充墙体内部填充保温棉，并通过防水的单向透气膜和构件的构造设计达到防水的效果（图5-12）。

对于在木构件工厂预装配的墙体，外墙板的边角预留，到现场装配专门的边角构件。为了避免外墙板在运送过程中的损坏，可以把外墙板全部留到现场进行装配。

外墙构件安装时应处理好外墙板和柱子的位置关系，避免结构柱裸露在外。结构柱裸露一方面是防水处理难度大，另一方面是会造成柱子外侧围护困难。

楼盖的装配一般在施工现场完成，在木结构梁柱装配完成以后，在木梁顶部装配楼盖搁栅，再在搁栅上装配楼面板。屋盖装配的第一步是桁架的装配，然后在桁架上弦通过垫木和螺栓装配檩条，在其上装配椽条，椽条间放置保温棉，覆以防水透气膜，最后进行屋面板的装配（图5-13）。

图5-11 主体结构部分的装配

图5-12 填充墙体的装配

图5-13 屋盖的装配

2．轻型木结构体系装配式住宅的建造

1）建造流程

轻型木结构装配式住宅也被称为平台式骨架结构，施工方便，在造价上比重型木结构体系有优势，同时节约木材，是低层木结构主要发展方向。其建造采用盒子式拼装的形式，即在地基基础施工完成以后，先装配底层的承重墙体和楼盖，形成类似于盒状的实体，再以楼盖为操作平台，依次向上装配上一层的承重墙体和楼盖，最后再装配屋盖。

2）地基基础的施工

轻型木结构体系装配式住宅的地基基础施工可以参考梁柱式木结构基础的做法，也可以采用条形基础、筏形基础或桩基，在材料选择上可以是钢筋混凝土、砌块或木基础。在基础中应预埋连接构件，预留管线设备空间（图5-14）。

3）盒状楼层的装配施工

轻型木结构体系装配式住宅的墙体通常采用在现场装配的形式进行施工，在基础之上做好防潮与连接构造以后，在底板梁上装配墙体的龙骨，留好门窗洞口，龙骨顶部装配顶梁，同时做好保温材料、防水透气膜以及内外墙板。墙体装配好后，按顺序装配楼盖搁栅和楼面板，从而形成盒状楼层，并以楼面板作为上一层盒状楼层的操作平台（图5-15）。

楼盖的装配施工方法和重型木结构的楼盖类似，此处不再赘述。

图5-14 基础施工

图5-15 墙体和楼盖的分层装配

二、木结构体系装配式住宅定位连接和组合组装方式

1．木构件连接方式的类型

1）榫卯连接——木与木

中国传统木构建筑的榫卯连接方式具有良好的承载力和刚度，还能通过榫卯来吸收和消耗水平荷载的能量，从而使得传统木构建筑具有良好的抗震性能。

钉连接方式中钉子与结构构件的接触面积小，且连接构件的承载力和刚度会随着木材的腐朽

和老化而衰减，无法保证轻型木结构体系装配式住宅的结构安全。榫卯连接方式具有较好的形式美感，是表现木结构体系装配式住宅美感的要素之一。因此，把榫卯连接方式应用到现代木结构体系装配式住宅中是不错的选择。例如属于重型木结构的井干式木结构体系中，墙体所用原木内外两侧光滑，但是原木上下表面开出类似于榫卯的榫槽，以加强其搭接的稳定性。

2）金属连接——木与铁

木结构体系装配式住宅的木质或木基构件常常通过螺栓、梁托或钉等金属连接件进行连接。相对于螺栓连接来说，钉连接方式往往是轻型木结构住宅结构上的薄弱环节。而传统的榫卯结构在连接效果和形式上虽然优势明显，但是较为复杂的技术和工艺要求也限制了榫卯连接方式的推广应用。在木结构体系装配式住宅的发展过程中，现代榫卯结构通过金属连接构件进行木构件的定位和装配，既避免了薄弱的钉连接方式，又使木结构体系建筑具有良好的力学性能和抗震功能（图5-16）。

图5-16 金属连接木构件

轻型木结构体系装配式住宅的承重墙体由墙骨柱（规格材）与结构覆面板构成，墙骨柱与覆面板通过金属钉进行连接，钉连接的承载性能是控制剪力墙乃至整个轻型木结构受力性能的关键。钉连接的承载力和刚度与木材密度成正比关系，与木材含水率成反比，而木材的腐朽会降低钉连接的承载力和刚度，钉胶结合的连接则可大幅提高连接的承载力和刚度。钉的种类有金属圆钉、自攻螺丝等，带有螺纹的金属钉连接方式比普通圆钉具有更好的抗侧力性能与抗拔力性能[1]。

齿板是一种冲压成型的带齿镀锌金属板，是轻型木结构桁架节点连接的重要构件。齿板用于连接组成木桁架的木构件，应具有一定的抗拉、抗剪和剪-拉复合承载力，但是齿板自身不能传递压力。

3）胶合连接——木与胶

胶合连接被成熟运用于胶合木的生产，但是在构件连接则极少单独使用胶合连接，而仅作为榫卯连接、金属连接方式的辅助手段，以保证构件连接强度和建筑使用寿命。

2. 木构件连接方式的选择

梁柱式木结构装配式住宅的梁柱、楼盖、屋盖的装配用到大量的金属连接构件，而这些连接构件有外露式和隐藏式之分。无论是重型还是轻型木结构体系住宅，其墙体连接主要是金属钉连接方式，局部有配套的连接件，如过梁、屋架和墙体的连接就会采用金属连接件。

---

① 陈志勇，陈松来，樊承谋，等. 木结构钉连接研究进展 [J]. 结构工程师，2009，25（4）：152-157.

木结构体系装配式住宅木构件连接方式的选择依据有性能要求、形式需要、造价等。其中，连接节点能否达到设计使用要求是决定因素，连接节点的性能要大于等于构件本身是基本要求。另外，各种连接方式有自身的形式特点。例如，榫卯连接能充分展示构造之美，金属连接构件的外露能展示技术与粗犷之美，而隐藏式构件则能充分展示木材的精致之美。外露式连接成本较低，而隐藏式连接的成本较高。各种连接方式都有优缺点，在选择连接方式时要考虑到设计师和住宅使用者的形式要求。

3．木构件的定位装配

　　木结构体系装配式住宅的构件装配包括散装构件（如规格材梁、柱、立筋构件）和预装配的整体构件（如轻质隔墙），轻质隔墙等整体构件往往吊装至安装位置，再借助定位工具进行精确定位（图5-17）。

　　1）木构件定位装配工具

　　木结构住宅的传统定位工具是老式水平尺、垂吊等。随着科技的进步，新式定位仪器的操作更为便捷，定位精度也得到了提高。目前常用的木构件装配定位工具有以下几种。

图5-17　墙体构件吊装

　　（1）水平尺：规格多样，携带使用方便，可用于进行木构件的水平和垂直方向的定位。

　　（2）水平仪：既可用于水平和垂直位置木构件的定位，又因其可测量倾斜角，而用于倾斜木构件的定位。

　　（3）红外线定位仪：携带使用方便，通过定位仪器发射的红线，可以远距离对木构件进行放线定位。

　　2）木构件装配要点

　　（1）多个木构件拼接装配时，其定位以结构的稳定性为原则，例如楼盖板构件的长端尽头应放置于楼盖搁栅上，相邻两个楼盖板构件的长端尽头要错开至少一个搁栅。

　　（2）木结构装配式住宅最应关注的问题是防水，而不是防火。因此，外围护构件装配定位时，防水是重点关注的内容。

　　（3）所有木构件的搭接关系和搭接顺序必须要严格按照规定来，如果错了就无法更改。

1．项目概况

浙江东阳凤凰谷山林别墅项目包括11栋1~2层的木结构别墅，于2017年施工，2018年交付使用。该项目的结构形式是胶合木+轻型木结构，密肋墙骨柱均采用标准墙骨拼组，部分墙体设计为剪力墙以满足抗震要求。该项目用到的规格材尺寸包括2×4（38mm×89mm）、2×6（38mm×140mm）、2×8（38mm×184mm）、2×10（38mm×235mm）、2×12（38mm×286mm）。由于该项目处于丘陵地带，基地条件复杂，为了确保结构的安全，该项目根据每栋别墅的情况采用了多种基础形式，例如1号别墅采用人工挖孔灌注桩基础、5号别墅利用原有建筑基础、10号别墅采用柱下独立基础。

2．建筑设计

凤凰谷山林别墅项目的11栋木结构别墅的结构设计采用北美轻型木结构的体系和方法，但是在建筑风格上有明显的中国南方地区特点。建筑外墙用到大量的红雪松挂板和白色外墙涂料，中式坡屋顶以和瓦覆面，11栋别墅在建筑风格上整体统一（图5-18）。

以10号别墅为例，2层别墅在建筑外观和空间布局上体现了本土化

（a）7号别墅南立面

（b）10号别墅南立面

图5-18　统一的建筑风格

① 本案例由上海中天绿色建筑科技有限公司提供。

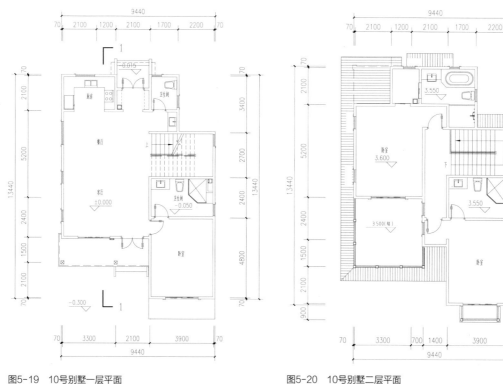

图5-19 10号别墅一层平面

图5-20 10号别墅二层平面

图5-21 10号别墅南立面

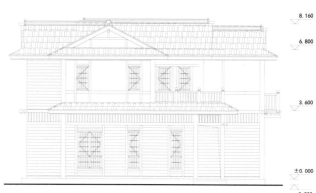

图5-22 10号别墅东立面

的审美风格和功能需求，尤其是在空间
布局上，充分考虑了中国人的生活习惯
（图5-19～图5-23）。在结构形式和建造
方式上，10号别墅则采用北美的轻型木结
构，使用大量的规格材和现代榫卯构造，
并未使用中国传统的木构建筑建造方式。

3．建造过程及要求

凤凰谷山林别墅项目的建造过程大致
包括建筑主体部分的建造、围护体的建

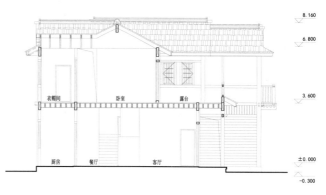

图5-23 10号别墅剖面

造、室内装修与装饰等。其中建筑主体部分的建造包括地基基础处理、墙体立柱安装和调整、墙体板安装、上屋梁、屋面搁栅安装、屋面封板（图5-24）。围护体的建造是指外墙和屋面构造处理，包括外墙防水防潮构造处理和外墙挂板装饰处理，以及屋面防水、挂瓦条和檐口处理、屋面瓦片安装等（图5-25）。

该项目的木构件建造按照《民用建筑设计统一标准》《木结构设计规范》《建筑设计防火规范》等设计规范、标准及工程建设标准强制性条文要求执行，具体的做法如下。

（1）轻型木结构墙体（含剪力墙）的墙骨构件采用符合SPF标准的规格材，要求采用进口的云杉、松、冷杉结构材，强度等级为TC11。

（2）剪力墙骨架构件和楼、屋盖构件的宽度不得小于38mm，最大间距为610mm。

（3）木基结构板材的尺寸不得小于1.2m×2.4m，在剪力墙边界或开孔处，允许使用宽度不得小于300mm的窄板，但不得多于2块；当结构板的宽度小于300mm时，应加设填块固定。

（4）钉距每块面板边缘不得小于10mm，中间支座上钉的间距不得大于300mm，钉应牢固地打入骨架构件中，钉面应与板面齐平。

（a）基础施工

（b）墙体立柱安装

（c）屋面梁和屋面搁栅安装

（d）屋面封板

图5-24 建筑主体部分的建造

（a）外立面施工

（b）屋面防水施工

（c）挂瓦条及檐口挂板施工

（d）屋面瓦片安装施工

图5-25 建筑围护体的建造

（5）当墙体两侧均有面板，且每侧面板边缘钉间距小于150mm时，墙体两侧面板的接缝应相互错开，避免在同一根骨架构件上。当骨架构件的宽度大于65mm时，墙体两侧面板拼缝可同在同一根构件上，但钉应交错布置。

（6）屋面板采用12mm的屋面剪力板，交叉布置。

4．典型木构件连接构造图解

凰谷山林别墅项目采用多种现代木结构连接方式进行木构件连接，主要包括金属连接件连接、钉连接和胶连接等方式（图5-26）。

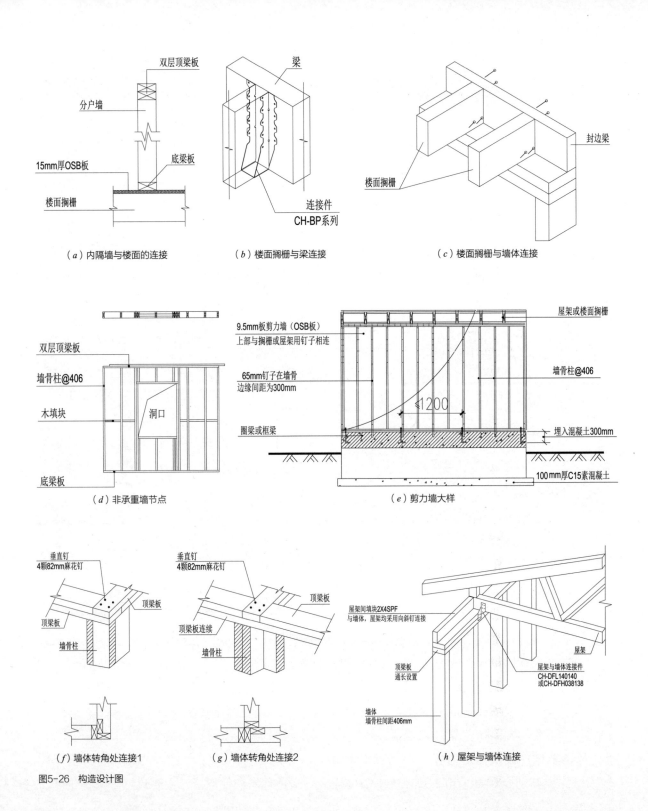

（a）内隔墙与楼面的连接　　　（b）楼面搁栅与梁连接　　　（c）楼面搁栅与墙体连接

（d）非承重墙节点　　　　　　　　　（e）剪力墙大样

（f）墙体转角处连接1　　　（g）墙体转角处连接2　　　（h）屋架与墙体连接

图5-26　构造设计图

1. 项目概况

为了有效地利用木材资源，为消费者提供安全、健康、舒适、温馨的木结构建筑，大连双华永欣木业和日本的相关企业合作，借助日本的木结构体系建造技术，设计、建造了木结构体系住宅样板房"和居"（图5-27）。

"和居"建筑面积274m²，其中一层173.7m²，采用木框架-剪力墙结构体系，所用的木材是日本柳杉和日本桧木。由于梁柱结构对木材的尺寸要求较高，因此该项目除了锯材以外，还用到大量的集成材。

2. 设计和施工

"和居"的梁和柱采用日本柳杉和日本桧木的集成材预制构件，所有的梁、柱构件都是在工厂生产而成，在施工现场禁止切割，只需要采用金属连接件进行装配即可。标准化柱梁构件的尺寸采用扩大模数3M进级，其中柱均采用截面为120mm×120mm的方形柱；梁的厚度均为120mm，而梁的高度则根据受力需要采用不同的尺寸，形成120mm×360mm、120mm×330mm、120mm×300mm、120mm×270mm、120mm×240mm、120mm×180mm、120mm×120mm等多种规格的梁。

"和居"的建筑设计、施工由大连双华木结构建筑工程有限公司和日本的相关企业合作完成，构件采用预制加工、现场装配的方式，按照严谨的施工流程进行施工，最终呈现出理想的住宅样板房（图5-28～图5-30）。

图5-27 "和居"建成实景

---

① 本案例由大连双华永欣木业有限公司提供。

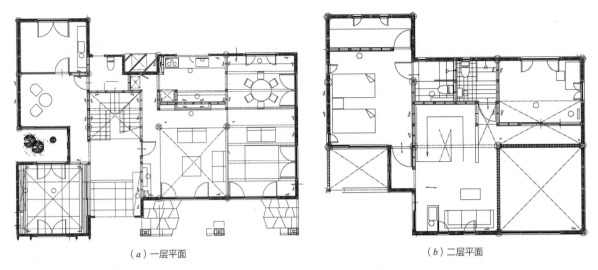

（a）一层平面　　　　　　　　　　　　　　　（b）二层平面

图5-28 "和居"建筑方案

图5-29 "和居"装配式施工现场

图5-30 "和居"室内外装饰及建成效果

3．构件连接节点

根据标准化梁、柱构件之间的受力关系和位置关系，"和居"共采用了16种构件连接节点形式，以满足各种情况的梁、柱构件连接要求，并使之具有可靠的安全性（图5-31）。

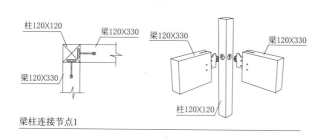

梁柱连接节点1

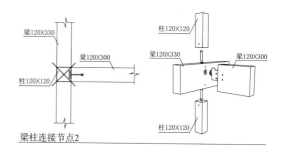

梁柱连接节点2

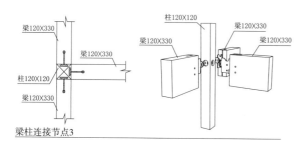

梁柱连接节点3

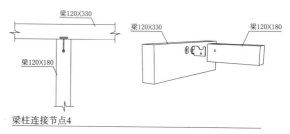

梁柱连接节点4

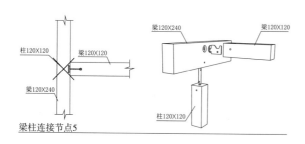

梁柱连接节点5

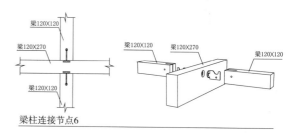

梁柱连接节点6

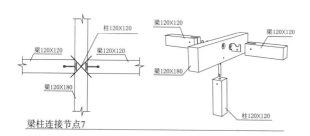

梁柱连接节点7

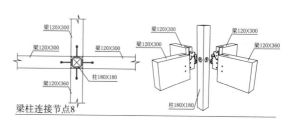

梁柱连接节点8

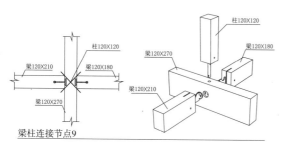

梁柱连接节点9

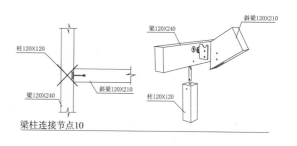

梁柱连接节点10

图5-31 "和居"梁、柱构件连接节点(单位:mm)

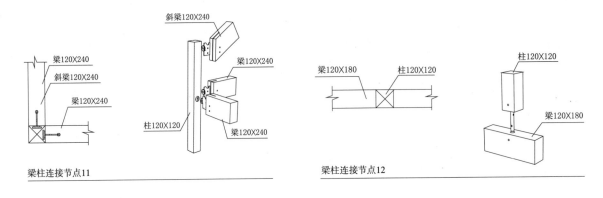

梁柱连接节点11   梁柱连接节点12

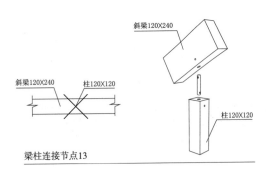

梁柱连接节点13

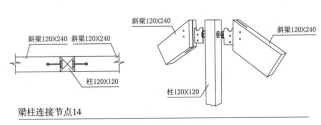

梁柱连接节点14

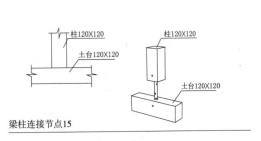

梁柱连接节点15

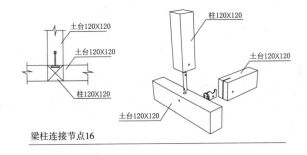

梁柱连接节点16

图5-31 "和居"梁、柱构件连接节点（单位：mm）（续）

案例三

加拿大18层木结构体系案例分析[①]

1．项目概况

Brock Commons高层木结构建筑是北美第一栋重型混合木结构体系高层建筑，也是加拿大的示范工程项目。项目位于不列颠哥伦比亚大学（UBC）的温哥华校区，主要功能是学生宿舍，同时也是该校区的教学和休闲中心，其中高层木结构建筑是该校区五栋住宅楼中的第三栋（图5-32、图5-33）。Brock Commons高层木结构建筑（学生宿舍）高53m、共18层，其中底层为混凝土结构体系裙房，2~18层采用重型木结构体系进行建造。该建筑有两个18层高核心筒，核心筒中为楼梯和电梯。

---

① 本案例由加拿大木业（Canada Wood）提供。

图5-32 区位图

图5-33 实景图

项目用地面积为2315m²，建筑面积15120m²，容积率为6.53，建筑占地面积840m²。该项目设置404个学生床位，使用木材2233m³，储存1753t二氧化碳，避免排放679t二氧化碳当量，二氧化碳总效益2432t。

2. 建筑结构系统

Brock Commons大楼是钢筋混凝土和木的混合结构系统，地基、底层和核心筒部分是现场浇筑混凝土，2～18层采用重型木构的柱子和板装配而成，屋面结构和连接件采用钢材（图5-34）。

1）结构体构件

（1）基础

采用钢筋混凝土扩展基础（2.8m×2.8m×0.7m），四周是混凝土墙和条形基础（600mm×300mm），两个核心筒由两个筏板（1.6m厚）支撑，每个筏板带有四个可承受1250kN张力的地锚。

（2）柱子

楼面和屋面采用排列成4m×2.85m网格的GLT和PSL柱支撑①，低楼层柱子较粗（265mm×265mm），高楼层柱子较细（265mm×215mm）。PSL柱用在2～5层楼板中央负荷比较大的位置。

（3）核心筒

两个核心筒为现场浇筑混凝土（450mm厚），为建筑提供保证结构安全的刚度。核心筒内包括楼梯、电梯和设备立管。

图5-34 结构系统

（4）楼板

楼板由CLT面板组成，顺着建筑的长轴交错安装，用胶合塞缝片牢固连接，形成横隔层。CLT面板厚169mm，宽度为一个开间（2.85m），长度有4种，其中最长的达到3个开间（12m）。每层使用29块CLT面板，大部分为根据预切的机械、管道和电气开口形状而特制（图5-35）。

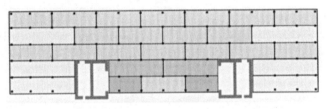

图5-35 结构系统

（5）屋面

屋面采用钢承板和钢梁建造，选用钢屋面是为了减轻若发生屋顶渗水而引发的一系列问题。

2）结构体连接

（1）柱子与屋面的连接

屋面梁焊接钢组件，和胶合层级材柱顶部钢连接件栓接锚固，钢组件可以根据屋面坡度的需要调整连接角度（图5-36）。

（2）CLT面板与柱子的连接

柱与CLT面板的连接包括3个环节：圆形结构空心型钢（HSS）紧固到钢板，钢板使用螺杆连

---

① GLT是特殊等级的木材，可以制作成梁、立柱、桁架等无限种或直或弯的构件。PSL是一种高强度结构复合木材产品，采用加拿大花旗松和美国南方松的木材刨花高压粘合而成，用于制作需要高抗弯强度的柱和梁。

接在每根柱子的顶部和底部，螺杆用环氧树脂黏合到柱子中（图5-37）。

（3）混凝土板与柱子的连接

圆形结构空心型钢通过底部的钢板栓接到二楼的混凝土转换板（图5-38）。

（4）核心筒与CLT面板的连接

CLT面板和核心筒的连接通过钢拉条和角钢来实现（图5-39、图5-40）。钢拉条为100mm宽条状钢板，用螺丝拧到CLT面板顶部，并把钢拉条栓接到嵌入核心筒壁的钢板上。CLT面板在与核心筒交界处受到角钢的支撑，角钢焊接到铸入核心筒壁的嵌入钢板（300mm宽）上。

3. 建筑外围护系统

1）外围护体方案设计

Brock Commons大楼的外围护系统主要由3部分组成：底层裙房的幕墙系统；2～18层的预制板系统；传统组合屋面。外围护系统选用的颜色、外观和校园内其他学生宿舍风格类似，以保持校园建筑风格的整体统一。

采用预制装配式外围护系统，在木结构建筑装配过程中能快速围起每一层，从而避免雨水破坏，降低受损的风险。本项目的外围护系统具有R-16的最小热阻值，具有较好的节能效果。

项目外围护方案设计要点是满足保温、材料和外饰标准化的要求，包括4种方案：①大型窗槛墙和玻璃的幕墙系统；②预装窗户的预铸碳纤维钢筋混凝土保温夹层板；③预装窗户的木框龙骨系统；④预装窗户的结构轻钢龙骨系统。

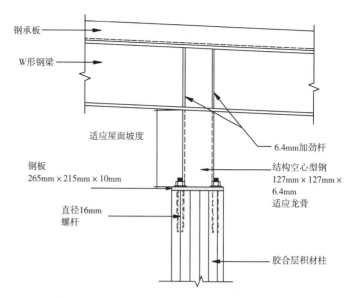

图5-36　柱子和屋面的连接

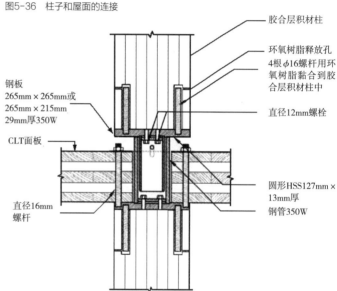

图5-37　CLT面板与柱子的连接

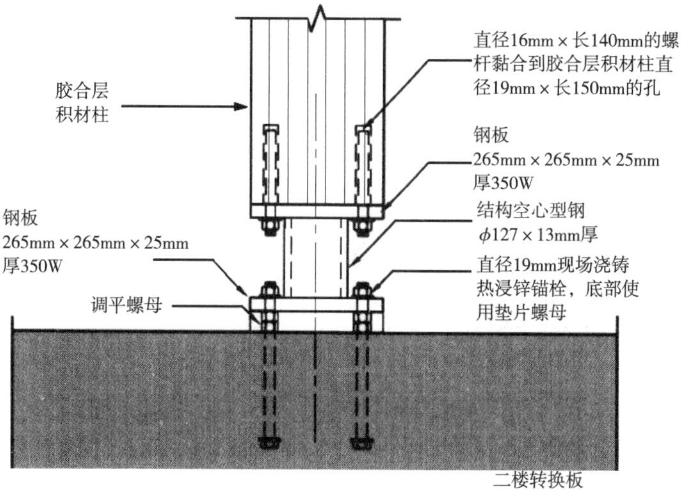

图5-38　混凝土板与柱子的连接

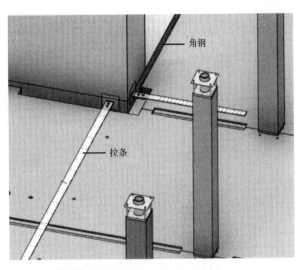

图5-39 钢拉条和角钢位置

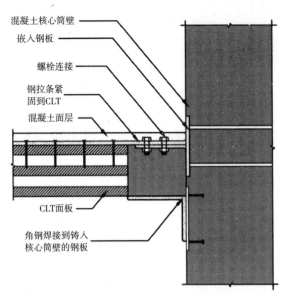

图5-40 核心筒与CLT面板的连接

在上述4种外围护方案中，最终选择了第四种方案，主要是基于成本控制、构件重量和安装简易性，以及整体性能和消防要求的考虑。

2）裙房和屋面外围护做法

大楼的底层裙房部分，外围护系统采用玻璃幕墙，并设置带直立双锁边金属屋面的3层CLT板顶棚为行人遮雨（图5-41）。

大楼的屋面为传统的组合屋面系统，置于钢梁支撑的金属承板之上（图5-42）。

3）外围护结构预制板构件

除了裙房所用的玻璃幕墙，项目所用的主要外围护装配式构件是高层建筑所用的外围护结构预制板（图5-43）。预制板由轻钢龙骨和玻璃纤维保温棉组件构成，带有雨幕木纤维层压挂板系统和预装窗户组件。预制板的标准规格尺寸为长8m，高2.81m，每块预制板对应两个结构开间和一层，转角处设计了特殊规格的角板。

外围护结构预制板由安装在每层的角钢（∟127mm×127mm×13mm）支撑。结构、窗户、雨幕组件为预制，隔气层、保温棉和内饰面为现场安装（图5-44、图5-45）。

图5-41 裙房外围护系统

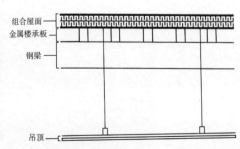

图5-42 组合屋面系统

图5-43 带窗的外围护预制板

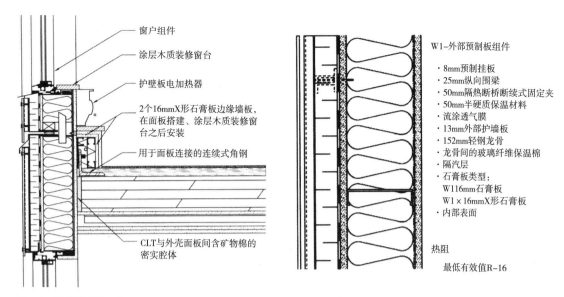

图5-44　预制板外围护系统

图5-45　外围护预制板组件

图5-44 labels:
窗户组件
涂层木质装修窗台
护壁板电加热器
2个16mmX形石膏板边缘墙板，在面板搭建、涂层木质装修窗台之后安装
用于面板连接的连续式角钢
CLT与外壳面板间含矿物棉的密实腔体

图5-45 labels:
W1-外部预制板组件
·8mm预制挂板
·25mm纵向围梁
·50mm隔热断桥断续式固定夹
·50mm半硬质保温材料
·流涂透气膜
·13mm外部护墙板
·152mm轻钢龙骨
·龙骨间的玻璃纤维保温棉
·隔汽层
·石膏板类型：
　W116mm石膏板
　W1×16mmX形石膏板
·内部表面

热阻

最低有效值R-16

本章小结

　　木结构体系装配式住宅技术成熟，材料环保，居住舒适，符合住宅的发展方向，虽然其造价略高于普通住宅，但是有其他结构体系不可比拟的优势。木结构体系装配式住宅在国内的现有案例以1~3层的独立式住宅为主，大部分是采用规格材建造的轻型结构体系，在北方有少量使用井干式重型木结构体系的案例。随着CLT板等复合技术木材应用技术的成熟，木结构体系装配式住宅将从低层向高层拓展，有非常好的应用前景。

工业化装配式住宅
信息化技术及应用

建筑业信息化是指运用信息技术，特别是计算机技术、网络技术、通信技术、控制技术、系统集成技术和信息安全技术等，例如：工程造价数据分析平台——指标云可以全面分析造价指标，进行质控、估算，全方面管理造价大数据，改造和提升建筑业技术手段和生产组织方式，提高建筑企业经营管理水平和核心竞争能力，提高建筑业主管部门的管理、决策和服务水平。装配式住宅的信息化基于装配式住宅的构件系统，同样围绕装配式住宅的4个部分：结构体、外围护体、内装修体和管线设备体，贯穿于装配式住宅的全生命周期。

第一节
装配式住宅信息化技术及应用的内容构建

一、装配式住宅信息化技术及应用的整体架构

　　根据装配式住宅的内容可知，装配式住宅信息化技术及应用的实施较为复杂，需要搭建其整体架构（图6-1、图6-2）。整体架构的应用可以确定装配式住宅不同阶段之间的顺序、应用工具和参与方介入项目的节点以及所有的相互关系，使得所有项目参与人员在初始阶段就清楚他们的工作流程。

　　在编制装配式住宅信息化技术及应用的整体架构时，应考虑以下3个方面的内容。

　　（1）根据装配式住宅项目的发展阶段，明确BIM应用的顺序。

　　（2）明确每个环节的责任方。

　　（3）确定每个环节的BIM应用功能和需提交的BIM模型。

　　根据图6-1对整体流程的研究可以看出，装配式住宅信息化技术的应用涵盖了其项目的全生命周期，可以将其划分为4个详细流程进行应用方法的归纳与总结：前期策划阶段、协同设计阶段、协同建造阶段和运维管理阶段。

二、基于信息化技术的装配式住宅全生命周期的目标

　　装配式住宅信息化技术的应用点众多，一个项目不可能做到样样精通，若没有具体的目标而盲目地进行装配式住宅开发建设，可能会出现弱势技术领域过度投入的现象，带来资源浪费。通过对装配式住宅的梳理不难发现，与传统的住宅开发模式的成果相比，基于信息化技术的装配式住宅开发模式在效率、质量、利润3个方面均得到了极大地突破。效率的提高是通过基于BIM的装配式住宅多手段、多参与方协同建造实现的；质量的提升体现在部品构件工厂化生产后，装配式

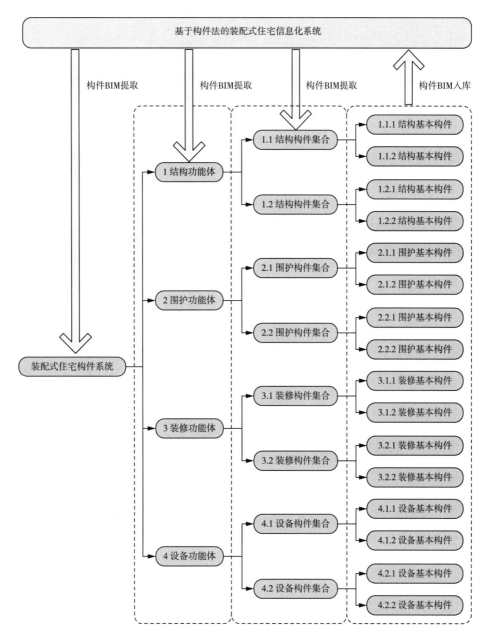

图6-1 基于构件法的装配式住宅信息化系统的基本原理

住宅部品品质优化而避免了频繁的质量维修，方便了后期维护；利润的增加是"功能倍增"和"利益涌现"的效果，利益在项目参与方中的合理分配则最大化地促进了装配式住宅信息化技术应用的成功。因此，上述突破的原因可归结于以下3点具体的应用目标，也是装配式住宅信息化技术应用的最终目标：①向协同建造转型；②质量维护的提升；③构建合理的利益分配格局。

1. 向协同建造转型

传统建设模式下，由于不协同而导致了许多的问题：在设计环节，项目不同设计专业之间缺乏协同，建筑、结构、设备专业之间的"信息沟通损失"会导致设计的返工；在设计建造转换环节，由于施工方介入项目的时间差，设计环节的成果往往不能考虑施工方的需求，而施工方的反

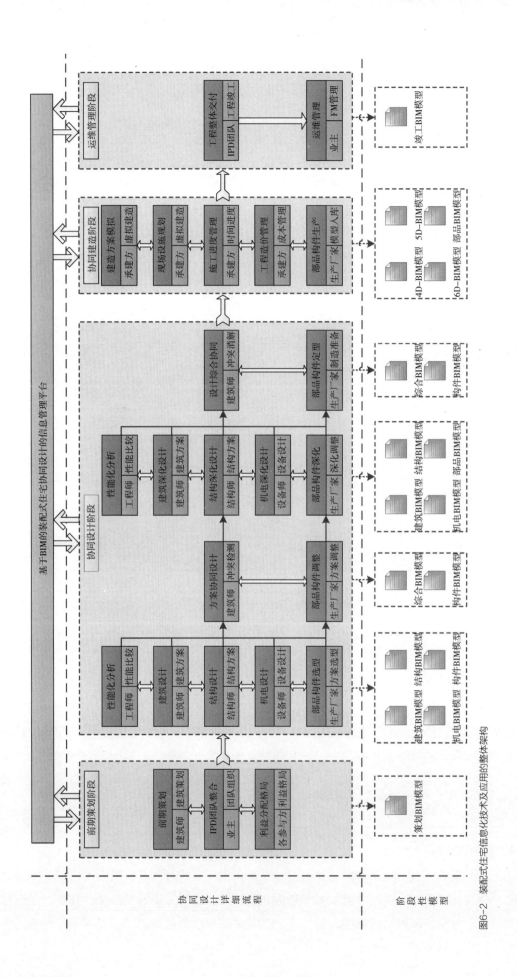

图6-2　装配式住宅信息化技术及应用的整体架构

馈又不能及时传达至设计方，也会造成设计的修改与调整；在建造环节，项目施工各参与方之间由于信息传递的缺失、扭曲和延误，也会导致工程的频繁变更。基于信息化技术的装配式住宅协同设计模式，则以BIM为基础，为装配式住宅项目各参与方提供一个协同工作平台，也为装配式住宅全生命周期提供信息共享和交换的环境，最终为装配式住宅的建造向协同建造转型提供可能，其根本目标在于做到以下4个环节的协同。

1）设计方与施工方的协同

在装配式住宅协同设计方法的指导下，应该做到设计方与施工方的协同，即施工主要参与方应该在装配式住宅项目的初始设计阶段就介入项目，基于其以往的装配式住宅建造经验，全程参与装配式住宅的设计，在涉及施工工艺和施工流程的环节提出自己的要求和看法；而设计方应该根据施工方提供的建议，及时对设计方案作出变更，双方协同配合，以此实现装配式住宅协同建造在设计环节的最优化。

2）虚拟建造与实际建造的协同

在装配式住宅的建造环节，必须兼顾"虚拟工地"和"实体工地"，才能够实现协同建造的转型。"虚拟工地"以数字化技术为指导，基于BIM技术进行计算、模拟、可视化和信息管理，从而实现对"实体工地"的数字驱动和管控。在虚拟建造阶段，应该以装配式住宅协同设计的理论和方法为指导，通过BIM技术的运用模拟建造的全过程，通过"虚拟"环节发现实际建造环节的潜在问题并加以解决，从而可极大地提高"实际建造"的效率[①]。因此，装配式住宅的建造必须将虚拟建造与实际建造密切协同，以"虚"导"实"，做到装配式住宅协同设计模式下的"实体工地"在"虚拟工地"的信息流驱动下，实现物质流和资金流的精益组织，工地按章操作和有序施工。

3）部品生产与建造的协同

装配式住宅部品生产与建造的不协同，会在装配式住宅部品的装配阶段带来较多问题。建造阶段造成的冲突必然带来设计返工，既降低了装配式住宅的设计效率，又拉长了装配式住宅的开发周期；建筑信息的缺失会导致部品构件无法实现精确定位，在装配时出现部品构件遗失和部品构件装错的情况，不利于装配式住宅的协同建造。因此，基于BIM的工业化协同设计要求BIM模型应该能够支持从部品设计、生产到现场安装的信息传递，做到装配式住宅部品生产与建造的协同，即部品设计、部品生产、部品安装定位的一体化管理。

4）建造环节不同工种的协同

在建造环节，不同工种之间应该在同一个BIM模型文件下协同工作，以此来实现协同建造的目标。根据装配式住宅协同设计的理论，基于BIM协同模型可以在不同工种之间实时地进行冲突检测，及时地纠正施工建造环节中的管线碰撞、几何冲突、场地冲突、物料冲突等建造问题。因此，建造环节必须在装配式住宅协同设计的理论和方法指导下，制定基于BIM的施工方案，协同不同工种，消解建造环节的上述冲突，避免施工变更和返工。

2. 质量维护的提升

根据装配式住宅系统的WBS体系的研究，装配式住宅产品系统一般可分为4个阶段的内容，即

---

① 曾凝霜，刘琰，徐波. 基于BIM的智慧工地管理体系框架研究 [J]. 施工技术，2015（10）：96-100.

一级工厂化、二级工厂化、三级工厂化和现场安装阶段。其中，一级工厂化是标准件生产阶段，主要涉及生产工艺的进步，如将施工或制造工艺中的误差由60cm减小至10cm；二级工厂化进行的是组件安装，将碎的构件组合成到整体的构件，如将零部件组装成较为整体的板状墙；三级工厂化开展的是装配式住宅部品的快速组装，在工厂车间将组件组合成装配式住宅部品，以方便其实现从车间到工地的整体吊装；现场安装则是直接将装配式住宅部品从车间运输到装配式住宅项目工地上进行整体吊装。

从中不难看出，装配式住宅产品的工厂层级代表着装配式住宅产品的质量体系的不断提升：一级工厂化只是施工精度的提升，三级工厂化则将装配式住宅上升至产品层级，使装配式住宅可以轻易地分解成不同的部品。而工业化部品成品化，则意味着装配式住宅也可以像普通的商品一样，能够实现"三包"，这象征着装配式住宅质量维护的大幅度提升。

综上，当上述系统和层级足够复杂时，更能体现装配式住宅协同设计的必要性，而质量维护的提升作为装配式住宅协同设计的目标之一，也可以划分为以下3个层级来逐步实现。

1）装配式住宅施工精度的提升

装配式住宅协同设计通过BIM工具的运用，在设计、施工阶段均可以进行冲突的检测和消解，因此可以在很大程度上减少设计不同专业间、设计方与施工方之间的碰撞与冲突，极大地提升装配式住宅的施工精度。同时，施工方不同工种之间利用BIM对施工方案和施工工序进行讨论，可以直观地发现施工中可能存在的问题和隐患并进行提前解决，有助于减少装配式住宅施工过程中的误会与纠纷，也为提升装配式住宅施工精度夯实基础。

2）构建装配式住宅部品质量保障体系

装配式住宅部品质量保障体系需要通过数字化工具来实现[1]。基于数字化工具，可以在自动完成装配式住宅构件的预制基础上，降低建造误差，在施工精度上提升装配式住宅构件的生产与制造，从而提升装配式住宅的质量。另外，基于数字化工具还可以在装配式住宅部品组装阶段将数据信息从构件传递至部品，确保部品制造时的信息不遗漏，也有助于提升装配式住宅部品的制造精度。

3）构建装配式住宅全生命周期的质量追溯体系

施工精度的提升是装配式住宅质量维护提升的第一层级，构建装配式住宅部品质量保障体系则确保了装配式住宅质量维护提升的第二层级，而装配式住宅协同设计旨在提高装配式住宅全生命周期的建筑质量，因此，构建装配式住宅全生命周期的质量追溯体系应该作为装配式住宅质量维护提升的第三层级和终极目标。在前两个层级实现的基础上，装配式住宅协同设计在设计和施工阶段积累的数据信息应该有效地传递至装配式住宅的运维管理阶段，通过数字化工具的运用，如附加在装配式住宅部品上的RFID标签，可以及时准确地识别出现质量问题的部品并进行质量追溯，实现装配式住宅向产品的转型，做到装配式住宅产品的"三包"维修服务。在此基础上，构建基于BIM的装配式住宅协同设计的信息管理平台是质量追溯体系的保障（图6-3、图6-4）。

3．构建合理的利益分配格局

基于信息化技术的装配式住宅开发模式需要通过组织间的协同工作来实现"功能倍增"和"利益

---

① 中华人民共和国住房和城乡建设部. 工业化建筑评价标准：GB/T 51129—2015[S]. 北京：中国建筑工业出版社，2015.

图6-3 基于BIM的某装配式住宅协同设计的信息管理平台

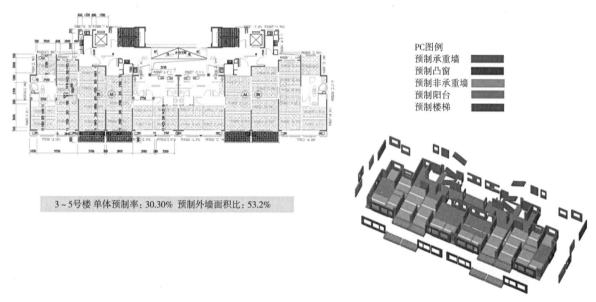

3~5号楼 单体预制率：30.30% 预制外墙面积比：53.2%

PC图例
预制承重墙
预制凸窗
预制非承重墙
预制阳台
预制楼梯

图6-4 基于BIM的某装配式建筑协同设计的信息管理平台

涌现"的效果。通过BIM技术的运用，基本上可以实现"功能倍增"这个效果，而如何实现"利益涌现"并做到利益在项目参与方中的合理分配，是装配式住宅信息化技术应用的一个重要终极目标。

基于信息化技术的装配式住宅开发的目的就是改变传统契约模式下，项目参与方各自为政的不合理行为，运用"利益共享、风险共担"的IPD模式，紧密关联了装配式住宅项目参与各方的利益。装配式住宅项目各参与方必须以项目的成功为基础，团队成员之间只有协同合作保障项目"功能倍增"和"利益涌现"，才能最终从中获益。这种项目交付模式的转型，使得装配式住宅项目各参与方为了维护自己的利益，均会最大化地保证项目的成功。

但是，由于收益和风险是不可分割的，IPD的交付模式意味着新的利益与风险分配格局的形成，利益与风险的分配问题是影响各参与方协同合作的重要问题，也是装配式住宅协同设计能否成功实现的关键[①]。另外，根据博弈论可知，装配式住宅协同设计IPD团队各参与方之间，必将出现由于产出存在的不确定性而存在个体理性最大化的倾向。通过设置合理的激励与约束机制，可以使各参与方的"个体理性"趋向于整个团队的"集体理性"，推进整个项目的成功。

因此，如何在基于BIM的IPD模式下，利用一定的理论构建装配式住宅协同设计联盟间利益分配的合理格局，如何设计相应的激励与约束机制，保障各参与方的"个体理性"趋向于整个装配式住宅项目的"集体理性"，是装配式住宅的一个重要环节。装配式住宅的目标也就是在BIM和IPD的基础上，通过设计合理的利益分配格局与激励约束机制，使装配式住宅项目团队各参与方都努力改善各自的资源和流程，通过"协同"来将整体利益最大化，共同分享IPD的收益。

三、基于信息化技术的装配式住宅协同设计内容与构架

为了将装配式住宅信息化技术的具体实施和应用相结合，使装配式住宅协同设计与装配式住宅的开发流程和实践融合在一起，真正发挥协同设计的功能和巨大价值，必须首先明确装配式住宅协同设计的应用内容。可以将装配式住宅协同设计的主要应用内容与构架归结为以下3个主要部分。

1. 明确装配式住宅协同设计的目标

确定目标是进行装配式住宅协同设计的第一步，目标明确以后才能够决定要完成什么样的任务与应用。装配式住宅协同设计的目标应该体现出与传统开发模式的差异性和优越性。因此，在装配式住宅协同设计的初始阶段，其项目实施应用团队就需要对以下问题进行分析和研究：装配式住宅项目实施的战略目标与定位——如在开发周期和建筑质量上的诉求；明确装配式住宅协同设计的团队及责任——应根据IPD模式，在项目初始阶段就构建装配式住宅协同设计的团队，团队应囊括所有主要参与方（开发方、政府管理方、设计方、施工方、工程管理方、材料设备供应方、运营维护方），并明确团队成员的职责和利益分配方案。

2. 确定装配式住宅协同设计的工具

装配式住宅协同设计打破了住宅开发行业的传统架构，其具体的技术工具也将与传统的设计、建造过程中的工具有所差异和突破。BIM作为装配式住宅协同设计的核心工具，对于装配式住宅协同设计能够顺利实施，发挥着至关重要的作用。在BIM工具的选择与确定环节，应该明确面向装配式住宅协同设计的BIM目标、BIM模型架构、BIM平台的构建、BIM软件的评价与筛选和BIM辅助工具的选择等具体内容。

① 杨青，苏振民，金少军，等. IPD合同下的工程项目风险分配 [J]. 建筑，2015（11）：31-33.

3．归纳装配式住宅协同设计的应用方法

装配式住宅协同设计的应用涵盖了其项目的全生命周期，包括项目的前期策划阶段、设计阶段、生产制造阶段、建造阶段和运维阶段，涉及项目参与的所有成员，打破了传统意义上的设计只解决设计层面的问题。因此，其应用方法的实施也较为复杂，需分为整体流程和详细流程两个层面的应用。整体流程的应用确定装配式住宅协同设计不同阶段之间的顺序、应用工具和参与方介入项目的节点以及所有的相互关系，使得所有项目参与人员在初始阶段就清楚他们的工作流程。详细流程的应用描述每个阶段和环节的具体任务的应用方法，如建筑师在设计阶段的任务及实现方法。

第二节
基于 BIM 的装配式住宅协同设计的方法与应用

一、基于BIM的装配式住宅构件、设备和装备的工业化制造

1．BIM模型化

装配式住宅协同设计阶段，构件BIM模型库的建设是一个非常重要的环节。BIM能保证建筑信息的延续性，可以做到构件的设计到数字化加工的信息有效传递。基于BIM的构件设计和数字化加工，能够将包含在BIM模型中的基本构件信息精确地传递至部品制造工厂进行加工。因此，基于BIM的装配式住宅构件、设备和装备的工业化制造的第一步，就是要求对装配式住宅构件进行BIM建模，以解决构件制造中的信息创建、管理和传递的问题。另外，对于经验丰富的装配式住宅开发团队来说，构件BIM模型还可以利用以往较为成熟的构件，直接从企业的构件BIM模型库中调用，从而提高设计的效率。其构建原则如图6-5所示。

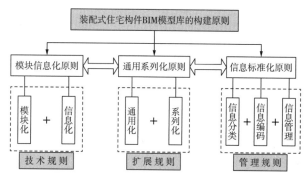

图6-5　装配式住宅构件BIM模型化的构建原则

2．数字化制造前准备

构件数字化制造前，要考虑好以下问题。

（1）应考虑制造精度和误差。数字化制造的精度较高，但是不同材料的制造容差不同，组装为构件和部品时也会造成累积误差，而制造工艺中的复杂切割和挠度也会带来误差的累积，因此

必须在部品设计时考虑上述因素。

（2）设计深度要合理。构件BIM模型的深度要适当，过于详细会浪费时间，从而延误生产进度；过于简单则会丢失一些关键信息，给制造加工带来不便。因此，在制造加工前，应根据制造工艺的要求，确定构件BIM模型的设计深度。

（3）解决不同软件之间的兼容性。部品数字化制造意味着将建筑信息传递至制造企业，因此会涉及建筑行业的软件数据传递至制造行业的软件的过程。这一过程必然会存在由于软件数据格式的差异而带来的数据传递的兼容性问题，必须提前考虑并予以解决。

构件数字化制造前，要做好以下3点准备。

（1）构件设计方、制造工厂方、建造方首先应运用构件BIM模型，进行制造前的碰撞冲突检测，以避免制造过程的错漏碰缺。其次，三方应根据各自的实际情况互提要求，讨论复杂构件的制造方案，并由建造方审核施工阶段的安装可行性。

（2）根据三方协同工作的成果，确定数字化制造的图纸工作量及人员投入量，明确制造阶段的时间进度计划，并确定构件制造的标准与深度。

（3）将构件BIM模型转换为数字化制造模型：根据制造工艺的要求，先对构件BIM模型进行适当的信息增减与修改，然后通过相关的软件将BIM模型中制造环节所需的信息提取后传送至制造设备，并进行必要的数据转换、机械设计层面的深化，将构件BIM模型转换成制造加工图纸。

3．编码设计

装配式住宅构件的数量极为庞大，若想准确识别并管理所有部品构件，必须为每个部品或构件赋予唯一的编码。但是项目的不同参与单位往往有其各自的编码方式，这可能会带来构件信息的不协同，为此，研究编制了部品构件编码规则，采用的是功能分类码+属性特征码构成。

功能分类遵循"分部—分项—子分项—细项"4级分类体系。分成4类体系主要是为了考虑BIM模型库的功能扩展，因此，在（表××部品功能分类）的基础上，在具体执行的时候，还可以再划分出2个体系。分类编码的原则约定如下：

（1）每个功能分类的分类编码长度均为6位定长码，第一位表示部品分部的分类码，第二位和第三位表示分项的分类码，第四位和第五位、第六位和第七位分别为三、四级用于功能扩展部分的分类码，均用两位阿拉伯数字表示；

（2）没有后面两级分项内容的以00补齐。

属性特征码由属性项码+属性值码构成。部品构件3个维度（几何信息、通用非几何信息、专属信息）属性特征码间用分号（；）隔开。

经过对构件分类以及编码后，就可以完整地形成一个构件完整的信息。编码规则的建立使得制造和建造环节能够直接读取部品构件的位置等关键信息，为有效的信息化管理奠定了基础。

4．制造过程的数字化复核

制造完成后的构件由于温湿度影响可能产生不同程度的残余应变，会对构件的现场安装造成影响，因此必须在构件制造完成后进行数字化的质量复核。传统的检测方法是手工现场数据采集并检验，存在着一定程度的误差。数字化复核采用的是数字化设备如三维激光扫描仪，对部品进行实时、在线检测，形成坐标数据并传输至BIM软件中转换为数据信息，在BIM模型中进行虚拟安装以检验构件是否符合安装要求。这种数字化复核方式不仅采用了先进的数字化设备，还将之与BIM模型相结合，实现了部品构件制造过程中的数据协同。在这一环节，应进行以下3个方面的考虑。

（1）选择合适的测量工具。根据装配式住宅项目的工期、复杂程度和成本的考虑，合理地在精度与测量速度之间作出权衡。如追求测量速度而精度要求低，可以选择3D扫描仪，若对精度要求高而对时间不作要求，可以选择全站仪。

（2）选择合适的数字化复核软件。由于扫描后需要将得到的数据信息从扫描仪传递至BIM模型中，选择的软件必须既能够读取扫描仪的数据，又能够将之转换成BIM模型兼容的数据格式。

（3）考虑虚拟安装。在进行数字化复核时，可以运用BIM模型，根据不同专业对部品构件现场施工安装时的要求（如运输设备、吊装能力等）进行虚拟安装，提前消解安装时的冲突。

二、基于BIM的装配式住宅构件的机械化装配

基于BIM的装配式住宅构件的机械化装配必须由各专业协同参与，为实现协同建造的目标而密切配合。BIM在机械化装配阶段起到了协同核心的作用，因此，这一阶段装配式住宅BIM的应用方法主要体现在以下两点：一是明确基于BIM的机械化装配方案模拟，二是构建基于BIM的机械化装配现场临时设施规划。

1. 基于BIM的机械化装配方案模拟

装配式住宅建造效率的高低，主要是由施工现场部品构件的安装工序、实施轨迹等施工方案是否合理决定的，同时，能够及时发现构件之间的碰撞冲突并及时解决，也是至关重要的。运用BIM技术对机械化装配方案进行模拟，能够将施工过程可视化，并进行实时交互式的模拟，具备以下优势：对建造环节的冲突进行提前检测，减少建造冲突；优化施工方案，实现施工资源的优化配置；更好地控制了施工质量，提升了施工效率。

基于BIM的机械化装配方案模拟应遵循图6-6所示流程：完善BIM模型；构建虚拟施工环境；定义部品构件的先后安装顺序；对施工过程进行模拟；基于施工过程模拟进行冲突检测并进行消解；对方案进行调整，并进行最终的评价。

在机械化装配方案模拟的过程中，主要应重视运用BIM技术进行3个方面的操作。

（1）BIM模型拆分与深化。首先将BIM设计模

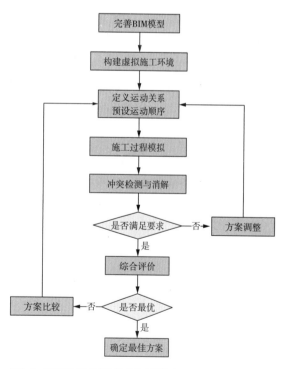

图6-6 基于BIM的机械化装配方案模拟流程

型分专业进行拆分，其次对模型进行深化设计，最后再把模型汇总至建造总负责处形成施工初步BIM模型。总负责单位再运用冲突检测软件如Navisworks对施工管线、结构设备等进行冲突检测，再根据冲突检测报告进一步深化、完善施工BIM模型。

（2）建立基于BIM的施工进度计划。根据完善后的施工BIM模型，制订出较为详细的施工进度计划，主要控制具体的建造工序、物料管理等环节，最后导出施工进度计划图，用于施工方案的制订。

（3）装配过程模拟。根据施工进度计划和施工BIM模型，运用BIM软件工具对施工过程进行模拟。施工过程的仿真模拟，可以实现对施工安装过程的模拟，如对复杂节点构件进行的模拟可以及时发现安装空间的预留是否合理等问题。同时，施工过程还能够发现较多的施工冲突问题，如管线碰撞、安装错位等，为消除施工安全隐患和提高施工效率提供了保障。

2. 基于BIM的机械化装配现场临时设施规划

协同建造在施工进场前，必须对装配式住宅项目的施工场地进行一个合理的布置。如何最大限度地利用施工机械设施的性能，避免频繁调整大型施工机械的场地位置，并合理地安排好施工现场的物料进场与存储，是协同建造能否实现的关键要素。

1）基于BIM的施工机械设施规划

以往的施工机械设施规划，是通过平面图的叠加来发现施工机械的场地冲突，效率较低且容易发生遗漏，利用BIM技术则可以避免上述问题的产生。BIM模型都是三维模型，可以在空间层面发现问题并予以解决，因此，在施工机械设施规划中，应按照下列方法进行施工机械规划的操作。

（1）BIM建模时输入详细参数。在装配式住宅的施工中，常用到的一些大型机械设施如塔吊、汽车吊等，互相之间的控制参数往往存在差异。因此，必须在BIM建模时就录入这些设备的详细参数，才能够对空间规划进行模拟以发现冲突。譬如，汽车吊的主要参数有车身水平转角、整体转角等，录入了这些详细参数，才能够真实地反映出施工中对这些机械设施的真实需求[①]。

（2）基于BIM模型进行空间规划。在传统的施工方案规划中，施工机械设施的位置布置体现在平面图中，较难发现空间上的冲突。利用BIM模型进行空间规划，不仅可以在平面上布置施工机械设施的位置，还能够从空间上反映所有机械设施的占位及空间上的相互影响，能够直观地发现并解决问题。

（3）基于BIM模型进行方案技术选型。基于BIM模型，可以进行施工机械设施的模拟运行，检测方案初始选型是否可行，同时也能够对不同的方案进行比较直观的比较。

（4）协调施工进度。一些大型的施工机械设施，应该在进场和退场时间上纳入到施工进度计划中。同时，基于BIM技术的运用，在施工进度发生调整时，机械设备的进出场时间也会同步更新，使建造环节的项目实施更为灵活。

2）基于BIM和物联网技术的施工现场物流规划（图6-7）

施工现场物流规划主要依赖于BIM技术和物联网技术的结合。BIM技术信息的收集与管理，物联网技术则负责将物体和网络信息关联，再与BIM技术对接。物联网技术运用较多的是通过RFID

---

① 蒋博雅，张宏. 新型轻型铝合金活动房吊装施工组织研究 [J]. 建筑技术，2015（6）：621-624.

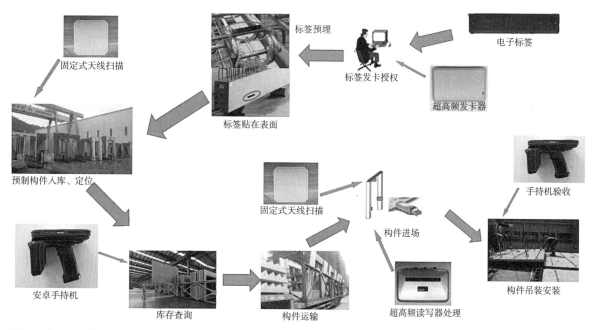

图6-7　基于BIM和物联网技术的施工现场物流规划

技术进行数据采集。RFID对物料清单的管理具备较多的优势：能够获得更为准确的信息流；定位准确，可以快速及时地供货；可以精确识别出缺损的物料；能够减少部品生产商和建造商的库存压力。基于BIM和RFID的装配式住宅项目施工现场物流应做好以下3点规划。

（1）软硬件的合理规划。在装配式住宅部品制造前，必须做好RFID芯片、读取设备和相关软件的针对性准备：根据制造量提前备好RFID芯片，部分还需要具备防金属干扰功能，以避免金属部品构件对芯片的影响；选择合适的RFID读取设备，在施工现场入口和物料场地入口可安装固定式读取设备，在施工现场发放一定量的手持设备；选择与BIM软件兼容性较好的RFID数据应用系统软件。

（2）部品制造的合理规划。装配式住宅部品构件进行制造时，需植入RFID芯片，芯片应提前输入厂商、日期、尺寸等基本信息。将部品构件运输至施工现场，并进行实时跟踪，进入施工现场和入库时均需要进行扫描，并将相关数据传输至BIM信息管理系统。

（3）部品安装的合理规划。部品构件出库时，需对相关部品构件进行扫描，并将出库数据传送至BIM信息管理系统。部品构件安装后，需进行最终扫描，并将数据备份至BIM信息管理系统。

三、基于BIM的装配式住宅智能化运营、维护

协同建造完成并进行项目交付后，并不意味着装配式住宅协同设计的结束。在项目交付环节，必须提交完整的项目竣工BIM模型，将之与物业管理计划相链接，就能够实现运维管理甚至拆除再利用阶段的诸多协同工作，并极大地改善以下两方面的运维效率：一是空间、客户信息和能耗管理效率提升；二是维护维修管理水平的增强。

1．基于BIM的空间、客户信息和能耗管理

将BIM模型与物业管理设备进行关联，建立BIM-FM系统，可以有效地整合交付后的装配式住宅基本的建筑信息和物业管理设备的基本信息。该系统具备BIM在空间定位和数据收集方面的优势，能够实现空间、客户信息和能耗的有效管理。

（1）在空间管理层面，可以协助物业管理方实现可视化管理和管理效率的提升：所有空间均可视化，便于合理分配建筑的空间和室外空间，保证了空间资源的有效利用；实时收集并记录空间的使用情况，可以快捷地应对空间使用情况的变更，某处空间使用情况变更后，BIM模型会实时更新，避免空间利用冲突的产生。

（2）在客户信息管理层面，能够实现对所有住户信息的有效整合。在信息整合的基础上，可以设置较多的附加管理功能，如可以附加物业管理费的收取模块，通过设置自动提醒可以实现到期提醒，并随时查询住户的缴费情况。

（3）在能耗管理层面，可以将所有区域的仪表与BIM-FM系统对接，能耗数据将实时传输到BIM-FM系统中[1]。对实时能耗、阶段性能耗和年度能耗均可以实时查询并进行自动对比分析，使能耗管理变得极为高效与轻松。

2．基于BIM的维护维修管理

基于BIM和RFID技术，可以实现对装配式住宅所有损毁区域的精准快速定位和维修，主要通过以下环节实现。

（1）在机械设备和部品构件运转不良或发生损坏时，通过BIM信息管理平台可以快速定位位置。

（2）通过RFID标签指示的位置，系统能够定位维修管理人员的实时位置，提示其去往所需维修部位的最短和快捷路径。

（3）通过移动设备对损坏设备和构件进行扫描，能够快速获得其详细信息，也能够远程从BIM信息管理平台中获得图纸、生产厂商信息、维修手册等维修相关信息。

（4）通过读取RFID标签中的厂商信息，能够快速查询是否有可替换构件和设备，若无法维修，可根据其中的信息与厂家联系，实现装配式住宅部品构件的报修与保修。

本章
小结

如果说将信息化技术的理念和方法引入装配式住宅目的仅仅是为了实现工业文明自动化的一种理性或完全合理化转化，那未免过于短视。实际上，这种趋势潜在的复杂性在于：采用数字手段（BIM）将设计与生产进行高度整合，将为建筑学的物质性带来新机遇、开辟新领域。基于BIM的IPD也将重新定义装配式住宅的利益分配格局，并将回应以下的质疑：设计与建造、信息与构成、技术与建筑文化由来已久的那种分离、隔阂是否还会清晰地存在？显然，基于BIM的装配式住宅信息化技术的应用方法将把住宅建设带向新的高度。

---

① 尤娜·张，金索·吉姆. 美国BIM应用案例浅析：BIM如何减少建筑能耗及实现数字化工厂[J]. 土木建筑工程信息技术，2015（3）：48-62.

工业化装配式住宅
室内和环境设计

装配式住宅除了结构体、外围护体和管线设备3个部分，其室内和环境设计也是重要组成部分。装配式住宅应该走一体化设计的道路，这里的"一体化设计"除了指住宅设计、部件生产、现场施工、运行维护的一体化，还应是建筑、结构、机电、室内和外装设计的一体化。

第一节
装配式住宅室内设计

一、装配式住宅室内设计现状

1. 室内设计与建筑设计长期割裂

无论是传统的混合结构体系住宅、框架结构体系住宅，还是早期的装配式住宅[①]，我国大部分住宅的室内设计与建筑设计是割裂的，室内部分与建筑部分的设计、施工不是连续的整体关系，从而导致住宅室内设计与建造模式的诸多问题，例如：

（1）由于室内设计师与建筑师之间的工作缺乏连续性和整体性，室内部分的设计受住户和设计师主观因素的影响大，室内设计很少考虑到建筑本身的设计理念和风格。

（2）室内设计滞后于建筑设计，室内设计师与建筑师的工作缺乏沟通途径，建筑阶段完成的户型设计在空间、构造上常常无法满足住户的使用需求，因此在住宅室内装修时，大部分都会进行空间或局部构造的改造，不仅导致建筑垃圾的产生，还带来不少安全隐患。

（3）住宅室内装修市场的质量与安全监管缺失，室内装修材料和工程施工质量无法保证，施工人员健康和住户健康都无法得到保证。

由此可以看出，住宅室内设计与建筑设计割裂的模式不符合整体设计的原则和百年住宅的目标。在室内设计阶段所发现的问题如果能及时反馈到建筑设计，或者把室内设计与建筑设计作为一个整体来考虑的话，可以避免上述设计与建造中问题的发生，乃至带来更多的益处。

2. "全装修"模式促进室内设计与建筑设计一体化

1999年我国出台《关于推进住宅产业现代化提高住宅质量的若干意见》，自此开始鼓励商品住宅一次装修到位，"全装修"模式的住宅建设中得到大力推广。

"全装修"住宅的室内装修、室外装饰在住宅成品交付前全部完成，其中室内所有室内空间界面铺贴、粉刷完成，固定家具和厨房、卫生间设备全部安装到位。窗帘、地毯等软装部分和可移动家具设施不在全装修的范畴之内。

---

① 早期的装配式住宅是指20世纪50年代开始，到20世纪80年代中后期商品混凝土推广之前这一时期内，我国试验推广的装配式住宅（详见本书第一章第二节）。

基于"全装修"模式住宅的交付要求，传统的先交付住宅后室内装修所导致的各种问题必须要避免，因而其建筑阶段和室内装修阶段的设计、施工成为无法割裂的行为。也就是说，"全装修"模式客观上促进了住宅室内设计与建筑设计的一体化。

"全装修"模式在住宅项目设计的全过程把室内与建筑作为整体考虑，户型和功能设计与住户的实际使用需求更为贴近，避免了以往毛坯房的室内装修需要二次设计和二次施工带来的一系列问题。在此背景下，住宅室内设计与建筑设计割裂的状况逐步得到改善。发展至今天，不仅高档商品住宅的全装修比例有了很大的提高，一些保障房和安置房也实现了全装修。

除了对设计一体化的促进，"全装修"模式要求住宅的建筑结构、设备管线综合、装修统一协调，使得建筑的土建施工和室内的装修施工实现一体化，室内装修与住宅建筑的土建、机电安装施工同步，解决毛坯的建筑施工和精装的室内施工同步的施工工艺问题，并对结构预埋、质量通病防治、建筑与室内部品部件组装、成品保护提供保证。

3. 对SI体系装配式住宅内装经验的借鉴

日本是装配式住宅建造及装配式室内装修做得比较好的国家，已经形成了较为完善的装配式住宅体系。借鉴日本装配式住宅内装的流程，可以避免我国传统室内装修中对建筑的大幅度破坏与室内空间重建。日本的设计流程和我国的设计流程看似几乎一致，其实有着极大的不同。日本的装配式住宅设计在方案设计之初就有构件（部件）产品供应商和其他各专业的参与，从而保证了从方案到细部构造的合理性（图7-1）[①]。

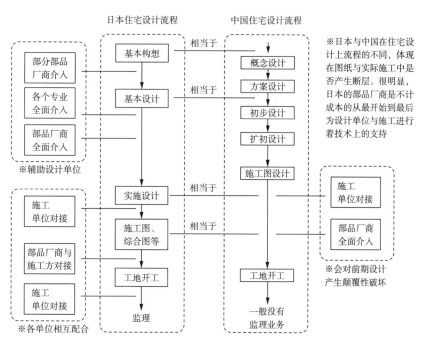

图7-1 日本与中国住宅设计流程的对比

---

① 尹红力，姜延达，施燕冬. 内装工业化对日本住宅设计流程的影响——与中国住宅设计现状对比 [J]. 建筑学报，2014（7）：30-33.

日本装配式住宅内装的先进性在SI住宅体系上体现得尤为明显。SI体系住宅的"S"代表建筑支撑体或结构体（Support or Skeleton），"I"代表建筑填充体（Infill）。SI体系住宅通过标准化手段来协调"S"支撑体和"I"填充体，以获得建筑主体结构的长久性和建筑装饰、装修的可再生性[1]。SI体系住宅装配式内装的特点主要体现在以下几方面[2]。

（1）内装构件和部品实现标准化生产、模块化施工，内装模块具有通用和互换性，住宅产品生产效率高，产品质量有保障。

（2）内装单元空间灵活多变，多个空间单元可以进行组合空间设计，能满足不同用户的使用要求（图7-2）。

（3）内装部分与结构支撑体部分相对独立，内装空间的多样化使用不会影响结构支撑体，有效延长住宅的使用寿命。

（4）共用排水管道模块从户内改为户外上下贯通设置，卫浴等设施排水管在地板与楼板的间隙水平接入外置排水管道模块，所有的户内给水排水管道均在地板下，便于检修和布置，不仅解决了住户产权独立的问题，还使得内部空间布置具有了更大的灵活性（图7-3）。

（5）从分水器端口向各个用水器具配管，减少了连接的节点，从而降低漏水的风险。采用高安全性防水盘的整体卫浴，使住宅性能得到极大提升（图7-4）。

由于上述特点的客观存在，我国的装配式住宅及其内装借鉴了SI体系住宅的理念和设计、施工方法，例如万科的VSI住宅（"V"是指万科集团）、山东省济南市住宅产业化发展中心的CSI住宅（"C"是指中国）等都属于SI体系住宅。从实际应用情况看，基于SI体系住宅的内装方法在我国有非常大的市场和良好的发展前景。

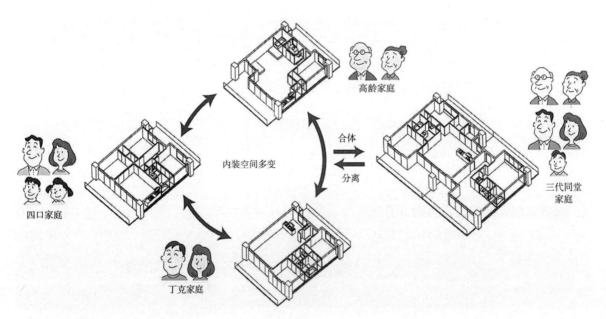

图7-2 SI体系住宅内装空间组合示意

---

① 刘长春，张宏，淳庆. 基于SI体系的工业化住宅模数协调应用研究[J]. 建筑科学，2011，27（7）：59-61，52.

② 曹祎杰. 日本住宅内装工业化建设发展与现状[C]// 广州：家居互联网产业峰会. 2016.

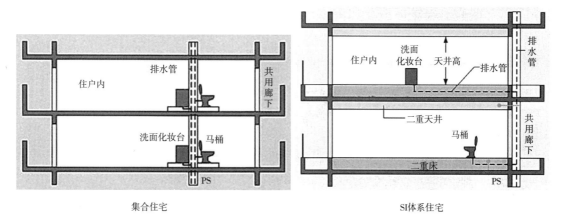

图7-3　SI体系外置排水管道示意

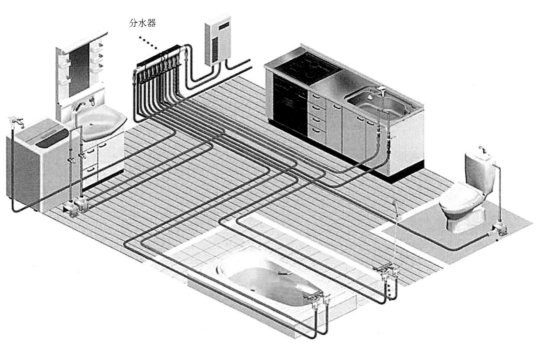

图7-4　SI体系住宅户内给水管线示意

4．现有装配式住宅的室内设计方法

如前文所述，我国普通住宅室内设计的主要模式是在住宅建筑交付以后，室内设计师根据住户的要求对住宅的空间格局进行重新设计。大部分装配式住宅在室内设计与建造模式上与普通住宅并没有多少不同，是滞后于建筑设计的相对独立的行为。

随着"全装修"模式和装配式建筑的推广，装配式住宅的室内设计与建造模式与以往相比有了积极的变化，主要表现在4个方面。

（1）装配式住宅室内与建筑同步设计，建筑设计考虑到室内功能、空间与施工工艺的需要，室内设计依据建筑设计方案对室内空间进行进一步的深化设计。

（2）装配式理念从建筑延伸到室内，部分内装构件与设施实现模块化与标准化设计。所谓标准化设计，包括标准化平面设计、标准化立面设计、标准化构造设计及通用部品部件设计，以提高了设计效率。大空间装配式住宅的内装采用装配式构件，可以为后续的室内空间改造带来方便，在某种程度上也促进了装配式室内装修的发展。

装配式住宅内装标准化的应用成果主要体现在整体卫生间、整体厨房、集成吊顶、门（套）、窗（套）、装配式墙板立面的产业化和标准化上。

（3）室内装修相关各方有了联盟的趋势，在室内设计与施工企业紧密联系（甚至一体化）的基础上，部分室内家具、装修材料采用定制模式，既降低了全装修房的造价，又提高了工作效率。

（4）在装配式住宅市场占有率逐步提高，技术趋于成熟，BIM技术在装配式建筑中逐步推广的背景下，参数化设计软件在室内设计中开始得到运用，出现一些使用Revit等参数化软件的装配式住宅室内设计。

二、装配式住宅室内构件组

1. 装配式住宅室内构件组的类型

按照建筑构件法，装配式住宅的构件分为功能构件组、性能构件组、文化构件组3种类型[1]。作为与建筑一体化设计的室内构件组，其分类逻辑参考建筑，也可分为功能构件组、性能构件组、文化构件组等三大类[2]（表7-1）。

装配式住宅室内构件组分类表　　　　　　　　　　　　　　　　表7-1

构件组名称	构件组的包含范围	构件举例	备注
功能构件组	空间限定系统	ALC板轻质墙体、墙体轻钢龙骨、木龙骨、纸面石膏板、木搁栅、OSB楼板等	含水平方向和垂直方向的空间限定和交通联系构件
	连接固定构件	榫卯、各种金属连接件、铁钉、自攻螺丝等	
	交通联系构件	楼梯梯段、栏杆扶手、平台等	
性能构件组	厨卫系统	整体卫生间、厨房整体橱柜	家具和灯具两类性能构件组也具有文化构件组的属性
	设备系统	空调、地暖、新风系统、热水器	
	水电系统	室内水管及管槽、电线管槽、水电接口	
	灯具	吊灯、吸顶灯、壁灯、射灯、筒灯、隐藏灯带、台灯、落地灯	
	家具	壁柜、床、饭桌、书桌、书橱、沙发、茶几等	
文化构件组	空间界面系统	集成吊顶、墙砖或墙面板、地砖或地板、线脚线条、软包饰面、壁纸等	文化构件组需要和家具、灯具、栏杆等其他构件组统一设计
	陈设系统	书画作品、地毯、窗帘、台布等壁面陈设、桌面陈设、落地陈设、吊挂陈设	

---

[1] 张宏，朱宏宇，吴京，等. 构件成型·定位·连接与空间和形式生成——新型建筑工业化设计与建造示例 [M]. 南京：东南大学出版社，2016：134.

[2] 《建筑模数协调标准》GB/T 50002—2013 等国家标准中统一用"部件"来称呼各种构件、产品、设备等。细分来说，装配式住宅的建筑组成件可以称之为"构件"，装配式室内的设施、陈设等组成件可以称之为"部品"。此处的"构件组"是构件法一种笼统的概念，等同于"部件"。

室内功能构件组决定装配式住宅的空间功能，其通过空间限定构件把建筑分成若干空间。空间限定系统限定空间的大小、位置、朝向等，交通联系构件决定各使用空间的联系方式。

室内性能构件组是在装配式住宅具有基本空间功能的基础上，使其具备良好使用性能的构件组合的总称。

室内文化构件组是能体现装配式住宅室内空间的风格特点、文化定位的构件组合的总称。文化构件组主要包括各空间界面上的造型、图案和色彩，以及室内陈设品。另外，主要起照明作用的灯具对室内装饰效果往往起到关键作用，家具兼具使用功能与文化功能。

2．装配式住宅室内构件组的关系

装配式住宅的3类构件组在功能上相对独立，但是也有功能上的交叉与重叠，在室内装修过程存在互相配合和协调的关系。它们的关系可以概括为如下几点。

（1）室内功能构件组是基础，是形成室内空间的必备条件，其余两类构件组依附于功能构件组而存在。

（2）室内性能构件组在空间限定基础上体现住宅的居住功能，是提升装配式住宅居住舒适性的关键因素。

（3）室内文化构件组是现代住宅的必备因素，与功能构件组所分隔出的空间结合，使住宅具有明确的文化属性，是居住者文化素养的体现。

三、基于构件法的装配式住宅室内设计①

1．基于构件（部件）标准化的装配式住宅室内设计

装配式住宅的核心内容是构件标准化和模块化、生产工业化，装配式室内装修也是如此。标准化、模块化、参数化的室内设计决定装配式住宅室内装修物质形态的生产方式、组成方式和维护管理方式。

1）设计软件和设计方法的选择

装配式住宅室内设计采用参数化设计软件，坚持构件（部件）标准化、模块化原则，从系统观点出发，构建装配式住宅内装模块产品的体系以及内装模块化全过程的体系。装配式住宅室内设计采用内装模块虚拟建造的设计方法，创新图纸表达方式，反映内装模块的材质、色彩、数量等详细信息，为内装信息系统平台的构建打下基础。

2）内装模块的接口设计是装配式住宅室内设计的重要内容

与其他装配式住宅内装模块一样，接口模块也应是标准化和模块化的，并纳入整个装配式住宅的模数协调体系中。接口技术要求达到拆装方便、安全可靠的目标，它是装配式住宅室内装配施工的速度和内装产品质量的保障技术之一。

---

① 刘长春．工业化住宅室内装修模块化研究 [M]．北京：中国建筑工业出版社，2016：126–135.

3）内装信息系统的构建

装配式住宅室内设计与建筑设计一起，构成装配式住宅信息系统平台。有关内装方案、内装模块的分割与类型、内装模块（系统或子系统）的构造、虚拟建造等相关信息初步构建完成装配式住宅室内装修信息系统。在后续的内装模块化生产、施工、管理等阶段所补充进平台的相关信息，会对装配式住宅室内设计起到参考和修正的作用。

4）参数化室内设计与柔性室内设计

参数化设计是装配式住宅室内设计的基本手段，是室内装修标准化、模块化和多样化的关键。

参数化设计是指通过改动图形某一部分或某几部分的尺寸，自动完成对图形中相关部分的改动，从而实现尺寸对图形的驱动，其中进行驱动所需的几何信息和拓扑信息由计算机自动提取[①]。在工业化住宅室内设计中使用参数化设计手段，当在某一视图改动某一模块的尺寸、位置或形状时，其余视图（含三维视图和二维视图）中同一模块的尺寸、位置或形状同步自动产生相应改动，同时，在内装部件明细表中，相关数据也会作出相应变化。

和传统的室内装修数字化设计手段相比，参数化设计的优势非常明显。例如，可以减少修改图纸的工作量，并大大减少图纸中的错误，三维的仿真视图为生产、施工、管理和拆除等阶段提供直观的图像。

用参数化设计手段建立的工业化住宅内装信息模型不同于普通建筑三维模型，后者只有反映内装模块（含内装空间模块）几何属性的几何数据，而信息模型还包括材质、类型、型号代码、生产厂家等工程数据[②]。这些几何数据和工程数据在工业化住宅信息系统中共享。

参数化设计可以实现工业化住宅室内装修模块的柔性设计。在参数化设计中，标准化的构件（部件）模块和模块子系统都是定型的，当改变模块或模块子系统某一处的参数值时，系统便会自动驱动原模块或模块子系统，使其改变为新的模块和模块子系统。同时，模块或模块子系统组合方式的改变也有联动的特征。从上述过程看，参数化设计使得工业化住宅室内设计方案更为多样化，从而使得内装方案有多种选择，实现柔性设计的目标。

目前，装配式住宅室内设计常用的参数化设计软件为Autodesk公司的Revit，该软件是国际上使用较广的BIM软件之一，尤其在工业化住宅参数化设计中大量使用。选择Revit进行装配式住宅室内设计，使得内装设计与建筑设计、外装设计成为完整的参数化设计体系，构建功能强大的BIM共享平台。

2. 装配式住宅室内协同设计

装配式住宅室内设计需要引入协同设计的理念，主要指建筑设计和室内设计两个阶段的协同，各专业设计师、构件（部件）产品供应商和施工人员的协同。

由于装配式住宅的室内装修设计和建筑设计是一体化的，这就要求在住宅的室内设计之初，与建筑设计类似的各方就要介入，这不仅对室内装修设计具有重要意义，也是住宅建筑设计质量的保证。

---

① 戴春来. 参数化设计理论的研究 [D]. 南京: 南京航空航天大学, 2002.

② 曾旭东, 谭洁. 基于参数化智能技术的建筑信息模型 [J]. 重庆大学学报（自然科学版）, 2006, 29（6）: 107–110.

3. 装配式住宅室内设计的内容及图纸表达

首先，装配式住宅室内设计和传统住宅室内设计相比，增加了有关内装模块的设计内容；其次，还增加了矢量化三维图形的虚拟建造过程。与设计内容的变化相对应，装配式住宅室内设计的图纸表达方式和要求也有了较大的变化。

传统住宅室内设计图纸大多用于现场加工的内装施工，其图纸（施工图）一般包括平面、立面、节点详图、铺地、水电图等内容，图纸尺寸标注和材质标注要细致、准确，节点详图更是对内装构造和做法有明确的说明，以保证现场加工的实施。而装配式住宅室内设计的适用于生产、施工、管理等全过程的内装模块化，图纸弱化传统设计图只注重轴号、尺寸、材质等标注手段，而重在表达各模块和模块子系统配合的全面信息，其中内装部件的信息包括部件的材质、数量、尺寸、生产厂家等内容（表7-2）。

传统室内设计与装配式住宅室内设计比较

表7-2

传统室内设计		大空间装配式住宅室内设计		组合式可变空间装配式住宅室内设计	
图名	设计内容及图纸表达	图名	设计内容及图纸表达	图名	设计内容及图纸表达
设计说明	1. 设计创意构思、功能、流线、水电、消防等说明 2. 材料表	设计说明	1. 设计创意构思、功能、流线、水电等说明 2. 明细表（含部件的材质、数量、尺寸、生产厂家等信息）	设计说明	略（本项内容与大空间工业化住宅内装模块化设计相同）
原始平面	1. 画出内装实施前若干独立的功能空间 2. 标注房间名称、墙体尺寸、门窗洞宽度可不标	结构体系空间	1. 画出结构体系（支撑体）的平、立、剖面 2. 标注结构支撑体尺寸、洞口宽度和高度 3. 结构体系空间三维矢量图	单元空间	1. 各单元空间模块的平、立、剖面，并标注尺寸 2. 各单元空间三维矢量图
墙体改动	1. 一般都需要拆除和增加部分墙体，原墙体用虚线画，改动的墙体用实线画 2. 需标注改动后的墙体尺寸和材质、门洞尺寸	分隔部件布置	1. 在平、立、剖面图中标注内装分隔部件的名称和代号 2. 通过平、立、剖面内隔墙的标注进行内隔墙定位 3. 分项明细表（各空间分隔部件的名称、代号、材质、数量等相关信息）	组合空间	1. 组合空间的构成形式示意、开洞方式示意 2. 画出组合空间的平、立、剖面（含洞口宽度和高度），并标注尺寸 3. 组合空间三维矢量图
平面布置	1. 厨卫用品通过尺寸标注精确定位 2. 其他家具与陈设品在图中画出，但无须精确定位	界面部件布置	1. 在各界面图中标注界面部件的名称和代号，并对界面部件进行标注定位 2. 分项明细表（各界面部件的名称、代号、材质、数量等相关信息）	界面部件布置	略（本项内容与大空间工业化住宅内装模块化设计相同）
铺地布置	铺地材质、规格、尺寸标注、标高				
顶平面布置	1. 顶平面材质、规格、尺寸标注、标高 2. 灯具类型与定位	家具与陈设部件布置	1. 在平、立面和三维视图中布置家具与陈设 2. 在平、立面图中对家具、陈设部件进行标注定位，并标注其名称和代号 3. 分项明细表（各家具与陈设部件的名称、代号、材质、数量等相关信息）	家具与陈设部件布置	略（本项内容与大空间工业化住宅内装模块化设计相同）
立面布置	1. 立面的造型、门窗洞口的处理方法、壁面陈设等 2. 需标注尺寸、材质、色彩				
节点详图	1. 铺地、吊顶、墙体的构造做法，标注尺寸和材质 2. 现场加工的家具、陈设品的构造做法，标注尺寸和材质 3. 室内设施、灯具的安装方法，图示和文字结合	接口与安装	1. 接口模块的类型与连接方法 2. 安装辅助设备的说明 3. 接口连接的过程演示	接口与安装	略（本项内容与大空间工业化住宅内装模块化设计相同）

传统室内设计		大空间装配式住宅室内设计		组合式可变空间装配式住宅室内设计	
图名	设计内容及图纸表达	图名	设计内容及图纸表达	图名	设计内容及图纸表达
水电	1. 强电的开关、插座布置和线路布置 2. 弱电（电话、网络、有线电视等）的接口布置 3. 热水和冷水的出水口、水路改造或布置 4. 电气系统图（一般由电气专业设计和出图）	配套设施与管线	1. 整体卫生间、整体厨房（或橱柜）以模块系统的方式进行整体定位和标注，详细设计图及施工方案由专业厂家负责 2. 在平、立面中进行电气设备和冷、热水管线的标注定位 3. 在三维视图中进行管线碰撞检查 4. 分项明细表（各配套设施与管线的名称、代号、材质、数量等相关信息）	配套设施与管线	略（本项内容与大空间工业化住宅内装模块化设计相同）
三维透视图	依据平、立、剖面设计图绘制，为主要空间的视觉效果表现，不表达内装的构造、尺寸、数量等信息	虚拟建造	内装设计的三维矢量图，包含内装模块的大小、位置、数量等信息	虚拟建造	略（本项内容与大空间工业化住宅内装模块化设计相同）

4. 装配式住宅室内设计方案的检验与优化

在装配式住宅全生命周期中，装配式住宅室内设计是被不断地检验与优化的过程。检验与优化的途径有主要3个。

1）通过虚拟建造进行设计方案的检验与优化

虚拟建造（Virtual Construction，VC）是实物建造过程在计算机上的本质实现，它采用计算机仿真与虚拟现实、建模等技术，利用工作站（Workstation）为代表的高性能计算机或计算机群组，进行建造过程的仿真再现，以发现问题和采取补救、预防措施，避免实物建造过程的损失[1]。

装配式住宅室内设计采用参数化手段，平、立、剖面图和三维模型互相关联、同步生成。在使用Revit进行室内设计时，平、立、剖面图绘制过程也是室内三维模型的建模过程。由于该三维模型是矢量的，所有内装模块族的大小尺寸、位置关系通过精确的数值控制，使得三维模型的相关数值与实物建造时的数值一致，且内装模块族之间的连接关系也与实物建造时一致。

装配式住宅室内装修的虚拟建造可以分为静态虚拟建造和动态虚拟建造两种形式。使用Revit进行静态虚拟建造，可以对内装模块的数量、规格、安装方法等进行检验和优化（图7-5）。例如，在内墙虚拟建造时，通过内隔墙部件的精确定位，检验所选用内隔墙部件的规格和数量是否合适，如果不合适，则根据需要进行调整。用Revit以及相关软件便于进行内装的协同设计，在三维操作平台下，建筑与水、电、暖通等各专业的配合比传统的二维设计更为直观，通过碰撞检查功能，容易发现问题，避免因各专业冲突而导致不合理的设计方案（图7-6）。

图7-5 静态虚拟建造示例

① 张利，张希黔，陶全军，等. 虚拟建造技术及其应用展望 [J]. 建筑技术，2003，34（5）：334-337.

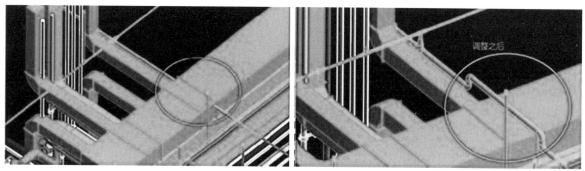

（a）管线碰撞检查位置调整前　　　　　　　　　（b）管线碰撞检查位置调整后

图7-6　碰撞检查示例

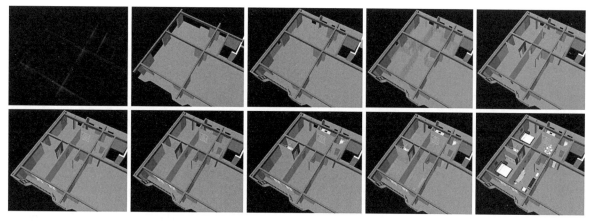

图7-7　动态虚拟建造示例（动画模拟截图）

　　动态虚拟建造是对装配式住宅室内建造和施工过程的模拟，对室内装修的模块化施工、模块化管理和模块化拆除都具有一定的参考价值。四维建模是Revit 的弱点，目前，Autodesk公司基于Revit平台的第三方软件NavisWorks可以进行内装建造和施工过程的模拟。当安装NavisWorks以后，Revit项目文件可以导出为NWC格式文件，再把此文件用NavisWorks打开，对相关的内装构件（部件）进行施工模拟设置，使得内装构件（部件）能按照所设置时间的先后顺序展示，从而实现动态虚拟建造的目标（图7-7）。

　　2）通过实物试验手段进行设计方案的检验与优化

　　对于批量化生产的、全装修的装配式住宅产品，在室内装修设计初步完成，并进行虚拟建造以后，进一步的检验手段是内装模块试制和试装配，即内装模块的实物试验。实物试验向用户展示内装设计方案，一方面可以听取用户的意见以便优化设计方案；另一方面，为用户提供多样化、菜单式的内装产品，以供用户选择，满足个性化的内装需求。

　　3）在装配式住宅室内装修实施过程进行方案检验与优化

　　虚拟建造和实物试验属于装配式住宅室内设计的必要手段，也是设计方案检验与优化的主要途径。除此而外，内装模块化生产、内装模块化施工、内装模块化管理，甚至内装模块化的拆除都可以对室内设计方案进行检验，并对设计方案的优化有参考价值。

　　室内构件（部件）模块的形体和构造的复杂程度、模块划分的精细程度等因素会影响构件（部件）生产的速度和效率。因此，其在工厂生产的过程也是检验内装模块划分合理性的过程。室内装修施工过程是设计方案完成后最容易发现设计问题的阶段，室内构件（部件）模块的装配便捷性、安装的顺序等问题都会暴露出来。室内装修完成以后的使用过程中，用户和物业管理部门根据实际使用过程中的体验，可以对设计方案提出合理的建议。合理的设计方案还应尽可能提高可重复利用构件（部件）的比例，并在保证牢固连接的前提下，用合理的连接方式降低装配和拆除的难度。总体来看，通过上述标准化、模块化的内装模块化实施过程的检验和优化，可以提高装配式住宅室内标准化设计方案的科学性和合理性。

四、案例分析

案例一

SI 体系住宅装配式内装 [①]

1）设计阶段

日本SI体系住宅的内装设计对重点问题关注的顺序为：安全性、节能性、方便使用的功能性、设计性。为了保证设计的质量，避免在后续的工作中出现问题，在设计阶段，部品和材料供应商就会介入其中，并且需要施工单位的指导和帮助。SI体系住宅的设计图要求相当的细致，需要画出每个房间的四面展开图，来确定插座、天线、LAN等的具体位置，以确保将施工图设计阶段和施工阶段的方案变更能够降到最低程度。

在施工阶段，施工单位还会再进一步绘制非常详细的"施工图"和指导施工作业的"综合图"（含有各项管线、细部的综合性图纸），尽量减少在现场调整、确认的内容。这张综合图会按照工地进行的程度，按照不同专业贴在施工工地的墙上，便于施工的各个专业在施工过程中随时确认。

2）施工阶段

SI体系住宅内装采用现场装配方式进行施工，和传统的现场湿作业为主的施工方式相比，有如下优点：工作效率提高，施工工期短；减少施工人员，节约人力成本；建筑垃圾少，经济环保；降低施工误差；标准化、模块化构件和部品，后期维护方便；部件、部品在工厂生产，部件、部品和住宅成品质量有保障。具体施工过程如下。

（1）进场

进入内装施工现场，进行施工准备工作。安全工作是首要任务，需要在施工现场安放施工安全看板，用来进行安全事项提醒和安全记录。材料和工具进场，按照工序的需要安排进场材料，材料有序堆放在不影响施工的区域（图7-8）。

（2）施工定位与划线

对内隔墙等需要定位的部件划线定位，并对孔洞进行精确划线开孔（图7-9）。

---

① 本案例由维石住工科技有限公司创始人、CEO曹祎杰提供。

（a）工地现场

（b）施工安全看板

（c）主体降板区域

（d）分户空间

（e）ALC板等材料进场

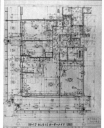
（f）现场施工图

图7-8　进场

（a）定位划线

（b）管线预留孔洞

图7-9　施工定位与划线

（3）隔墙施工

进行分户隔墙和户内隔墙的装配施工。常用的隔墙材料是ALC板和轻钢龙骨石膏板等，分户隔墙优先使用ALC板（图7-10）。

（4）门窗安装

SI体系住宅采用成品门窗部品，现场装配施工，窗台板是必备的部件（图7-11）。

（5）管线固定

SI体系住宅的管线固定在架空地板和吊顶内，保证检修方便，尽量避免开槽固定管线（图7-12）。

（6）架空地板

SI体系住宅的地板架空20～30cm，既可以自由布置管线，又有利于隔声保温。架空地板用螺杆做支撑，螺杆底部设橡胶垫置于楼板上，用于减少噪声，螺杆顶部为地板基层。地板基层满铺后安装地板面层（图7-13）。

（a）分户隔墙上端固定

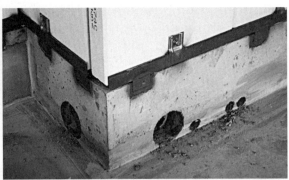
（b）分户隔墙下端固定

（c）轻钢龙骨隔墙施工

（d）隔墙内填保温隔声材料

图7-10 隔墙施工

（a）成品窗的安装　　　　（b）成品门的安装

（c）成品门安装底部细节

（d）成品窗台板安装细节

图7-11 门窗安装

（a）顶部管线固定　　　　　　　　　　　　　（b）顶部管线布置完成

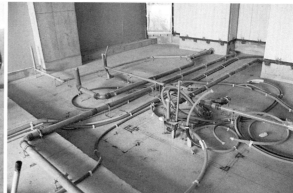

（c）地面管线固定　　　　　　　　　　　　（d）用水区地面管线固定

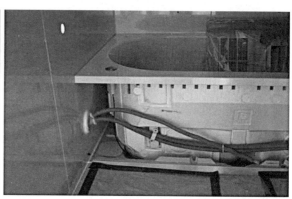

（e）整体卫浴安装　　　　　　　　　　　　（f）洗浴相关管线细节

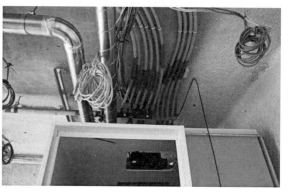

（g）卫浴底部管线细节　　　　　　　　　　（h）卫浴顶部管线细节

图7-12　管线固定

　　　　　（a）架空地板安装　　　　　　　　　　　（b）架空地板基层安装完成

图7-13　架空地板

（7）内装部品安装

SI体系住宅最后进行柜体、移门等部品的安装（图7-14）。

　　　　　（a）橱柜安装　　　　　　　　　　　（b）厨房柜体、移门安装

图7-14　内装部品安装

案例二

装配式内装界面系统的集成模块化①

1）概述

　　装配式内装与装配式住宅应该是一体化设计的，要实现此两者的一体化设计，标准化和模块化是必然的手段。装配式内装的集成模块化设计可以降低内装部件的生产成本，提高工作效率，保证内装的质量。

　　"全装修"或"精装修"要求下的装配式内装一般包括室内空间各个界面、厨卫系统和水电、暖通等设备（在室内装修行业常称其为"硬装"），而窗帘、陈设等"软装"与活动家具并不在此要求的范围之内。

　　由于在材料选择和设计方案上更多关注功能和性能，较少考虑艺术效果和风格特点，"全装修"或"精装修"的装配式内装往往不能满足高

---

① 本案例由中国美术学院风景建筑设计研究院金永杰总建筑师和科居美苑（KOJO ART DESIGN）提供。

端用户的个性化需求。要想改变这一现象，装配式内装需要考虑集成模块部分的风格特点，以及与家具、陈设配合的综合效果。中国美院风景建筑设计研究总院有限公司建筑集成中心的装配式内装案例颠覆了以往装配式内装的既有印象，用集成化设计手段进行内装空间的界面设计，达到视觉效果佳、风格鲜明、施工便捷的效果。

墙面集成部品系统包括板式和框式组合（图7-15），利用标准化的线型和可调的尺寸，配以不同材质和色彩的组合，用有限固定数据的模块进行无限组合，满足墙面的不同尺寸和装修风格要求。利用非标准尺寸的背景部件、家具陈设和假柱等作为模数协调手段，解决水平与垂直方向的尺寸协调问题，保证标准化部品的有效使用。

2）设计和安装的原则

墙面集成部品系统标准化构件的安装应该遵循中心线原则和自下而上的原则。安装的关键是要把误差的调节放在标准流程之后，且处理美观。

（1）中心线原则：是指从中间向两边安装标准化构件，让误差向两边均分。安装结束后，墙面的标准区在中间，误差调节区在两端（图7-16）。

（2）自下而上原则：是指从自下而上安装标准化，让误差在顶部通过调节系统消除。安装结束后，墙面的标准区在下端，误差调节区在上端（图7-17）。

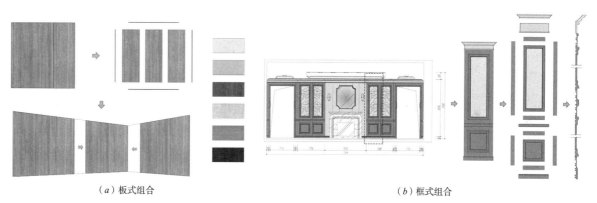

（a）板式组合　　　　　　　　　　　　　　　　（b）框式组合

图7-15　墙面集成系统示意

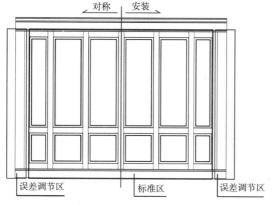

图7-16　中心线原则

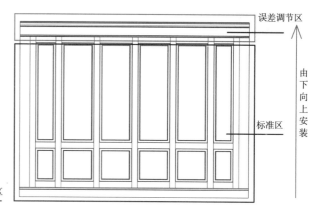

图7-17　自下而上原则

3）模块化设计

墙面集成部品的模块化设计是装配式内装界面系统的关键。如图7-15所示，把设计的墙面按照一定的比例模数拆分，形成墙板类、标准框、踢脚线、压线、腰线、中隔横、顶线等七大类标准化的构件，除了13种规格的标准框以外，其余六大类常用构件尺寸见表7-3。

装配式墙面系统常用构件规格表　　　　　　　　　　　　　　　表7-3

类别	规格（mm）	
	厚度	长度
墙板类	120、150、200、300、450、600	2400、2800、3600
踢脚线	40、50、60、75、100、120、150	2800
压线	40、60、70、120	2400、2800、3600
腰线	60	2800、3600
中隔横	60、90	2800
顶线	50、80	2800、3600

用这些标准化的构件进行多种组合，满足不同用户的个性化需求。例如，对宽度6150mm、高度6500mm的墙面，按照不同的功能需求，可以用标准化构件设计成两个法式风格方案（图7-18）。

4）构件安装示例

（1）墙板安装：标准化墙板构件通过板边缘的榫卯结构进行安装连接，其安装方法有卡扣安装和打钉安装两种，优先采用卡扣安装。卡扣安装需要先在墙上固定卡扣，通过卡扣固定某一块标准化墙板，其余标准化墙板通过榫卯构造依次插接安装（图7-19）。而打钉安装是在标准化墙

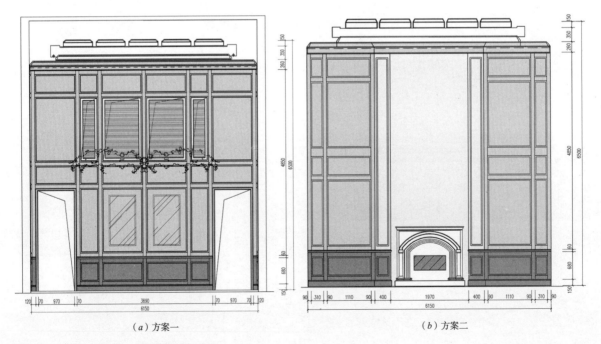

（a）方案一　　　　　　　　　　　　　　（b）方案二

图7-18　标准化构件用于同一墙面的两种组合方案

板的榫槽处通过枪钉固定在墙上，其余标准化墙板的安装方法与卡扣安装方法相同（图7-20）。

（2）线条安装：线条构件安装方法有卡件安装和打钉安装两种，需垂直于墙面进行安装，不限制安装顺序，以方便拆卸和更换。卡件安装方法是将线条沿垂直墙面方向，将卡件拍入背后的燕尾槽中卡紧即可（图7-21）。打钉安装方法是用枪钉垂直于墙面固定线条，盖条掩盖钉帽（图7-22）。

（3）板式阳角节点：标准化墙板构件安装时，阳角和收口部分的处理是保证内装质量的关键因素之一。例如阳角的处理，可以采用金属阳角构件、标准化转角墙板构件或现场加工的转角墙板构件。金属阳角构件可以具有固定功能，也可以是单一的阳角收口功能（图7-23）。标准化转角墙板构件与其余部分的墙板浑然一体，视觉效果最佳（图7-24）。

5）内装界面系统集成模块化应用

中国美院风景建筑设计研究总院有限公司建筑集成中心的某装配式内装项目，是包括墙面、顶面、地面和厨卫空间在内的较为成熟的集成模块化应用案例（图7-25、图7-26）。

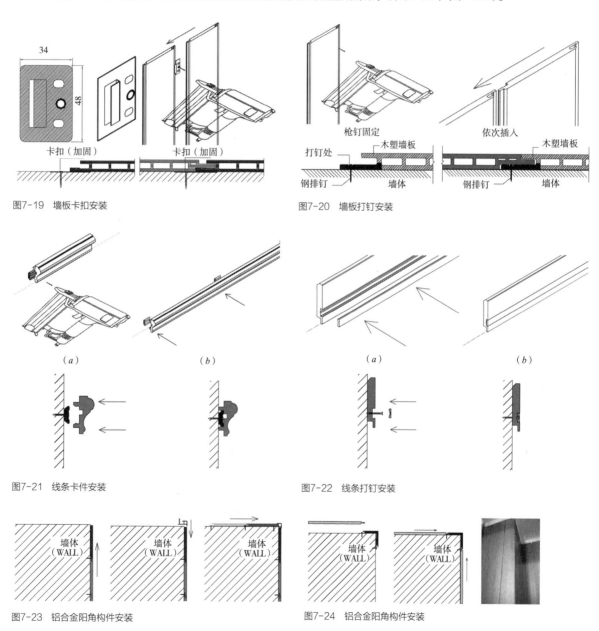

图7-19　墙板卡扣安装

图7-20　墙板打钉安装

图7-21　线条卡件安装

图7-22　线条打钉安装

图7-23　铝合金阳角构件安装

图7-24　铝合金阳角构件安装

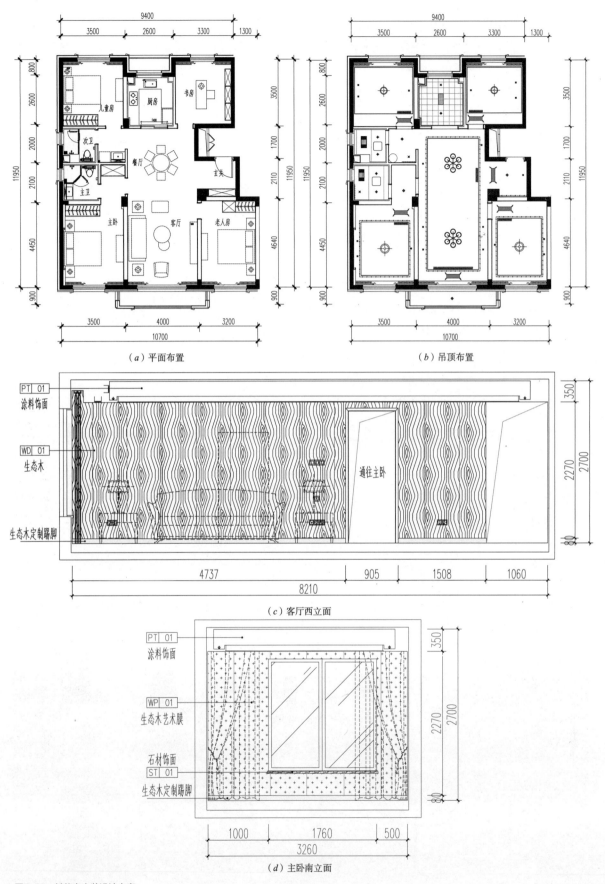

（a）平面布置

（b）吊顶布置

（c）客厅西立面

（d）主卧南立面

图7-25 某住宅内装设计方案

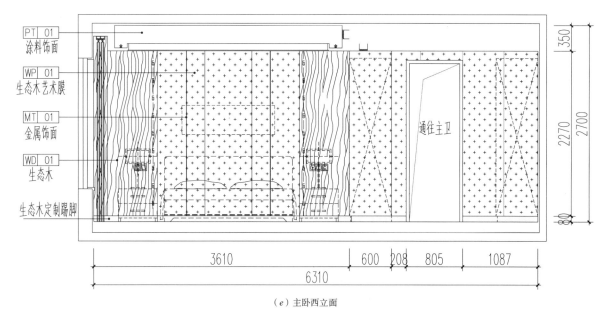

PT 01 涂料饰面	
WP 01 生态木艺术膜	
MT 01 金属饰面	
WD 01 生态木	
生态木定制踢脚	

350
2270
2700
80

通往主卫

3610　　600　208　805　1087

6310

（e）主卧西立面

图7-25　某住宅内装设计方案（续）

（a）客厅　　　　　　　　　　　　　（b）卧室

（c）餐厅　　　　　　　　　　　　　（d）卫生间

图7-26　某住宅内装实景

装配式住宅室内装修是将工厂生产的部品在现场进行组合安装的装修方式，装配式室内设计与建筑、结构、设备等不同专业实现一体化、标准化室内设计，以满足装配式的要求。同时，在空间和功能上满足用户的多样化和适应家庭全生命周期不同阶段生活变化的要求①。

装配式室内设计除了艺术、文化和审美上的要求，在技术上一方面通过模块化、标准化的构件部品进行室内空间分隔与功能设计，另一方面通过界面系统的模块化、标准化设计来实现。这两方面的技术手段在上述两个案例中的应用使得进一步提高装配式室内装修的水平具有了较好的基础。

第二节
装配式住宅环境设计

一、装配式住宅环境设计现状

1．我国住宅环境设计的发展概况

住宅环境作为住宅室内部分与自然环境之间的过渡，在整个住宅设计体系中扮演着重要的角色，该部分的发展晚于住宅本体设计的发展和演进，是在住宅设计发展到一定程度之后才出现的，即人类首先满足的户内空间的物质和心理需求后，进而将此需求拓展到环境空间部分。

住宅环境设计在我国经历了以下3个发展阶段，分别为古典园林的环境设计阶段、独立式住宅的环境设计阶段和第四代住宅的环境设计阶段。

1）古典园林的环境设计

园林作为我国古代民间规格等级最高的住宅，在环境设计方面可谓集聚了当时的人文和社会发展的精髓，是代表着庶民阶层的"布衣"所能够接触到的最好生活品质。伴随着生产分配方式的变革以及资本主义萌芽在中国的发展，士绅阶层在经过资本的原始积累后，所能够接触到的物质生活得到了极大的丰富，在物质生活发展到一定程度后，对于精神文明的获取，自然对居住环境提出了更高的要求。

我国古代的园林在环境设计方面是效法自然的，其强调人和环境的和谐共生，因此在一些代表性作品中，如拙政园、个园、和园等在平面布置、立面形制和空间布局方面均大量使用曲线、折线等自然多变的元素。上述特点与法国古典园林所强调规整、对称和齐整等人为干预的

---

① 中国工程建设标准化协会，中国房地产业协会. 百年住宅建筑设计与评价标准 T/CECS–CREA 513—2018．[S]. 北京：中国计划出版社，2018：1–5.

特征是完全不同的。这种差别是我国的传统文化所决定的，后者强调"阴阳协调""天人合一"这种崇尚自然的理念。

从环境要素的组成来讲，"山""水""林"和"亭"古典园林的环境设计中必不可少的几大要素，在实际设计中分别以"假山""池塘""乔木灌木"和"亭台楼榭"代表着自然环境中的"山川""河流""树林"以及与自然和谐相处的"人工元素"。古典园林中的环境设计几乎无一例外的表达着对于自然环境的膜拜与向往，并始终试图以人工的方式来模拟自然。由于自然环境是千变万化的，没有固定的规律可循，只有定性化的设计理论，没有定量化的设计操作手法的限制，因此该时期以"自然为纲"的环境设计呈现出了多样的设计结果。如北宋著名书法家米芾对于太湖石的叠石设计评价为"瘦""透""露""皱"[1]，后者成为园林中假山部分的环境设计导则，但是在该导则指导下的环境却呈现出各自的状态（图7-27）。

图7-27 苏州拙政园与扬州个园中的假山形态对比

中国古典园林中的环境设计较为注重文化修养，园林设计者的文化知识背景极其深厚，一些人甚至是当时的名士，他们无论是仕途得意还是大隐于市，均代表着当时知识分子的最高修养和情怀，更是将"天人合一"这一哲学思想发展应用到了环境设计中来。在古典园林的环境设计中各种环境要素的命名方面即可得到佐证，如拙政园中的"琵琶园""小沧浪""三十六鸳鸯馆""与谁同坐轩"，网师园中的"小山丛桂轩""看松读画轩""集虚斋""月到风来亭"，寄畅园中的"秉礼堂""含贞斋""涵碧亭"等，如此意境极佳的名称需要设计者具有深厚的文化修养。

在理论方面，古典园林中的环境设计经过大量的实践后形成理论知识体系，园林设计实践中所获取的心得体会进行提炼升华后，产生了诸多的能够直接指导设计的名著，流传至今的重要著作有明代计成所著的《园冶》和清代李斗所著的《扬州画舫录》等。

2）独立式住宅的环境设计

独立式住宅即独栋住宅，具有独立的用地范围，这点与集合式住宅相区分，后者在土地产权方面是多户共有的，土地分割性质不明确的情况下，室外空间的归属问题易产生纠纷。独立式住宅则拥有自己独立、权属分割明确的用地范围，在使用方面完全不会与其他用户产生纠纷，因此在环境设计方面能够为使用者提供更好的空间环境体验。

---

① 陆文清. 论米芾"瘦、皱、漏、透"四字赏石观的文化内涵 [J]. 柳州师专学报，2008（2）：102–104.

我国的独立式住宅的环境组织形式各异，但是均具有一个共同的环境要素——"围墙"，后者的存在保证了住宅内部的绝对私密性。这一特征是与我国的基本国情相一致的，这包括了防火、防盗等客观性要求，以及中国传统文化中的内敛、中庸和强调私密的主观性要求。我国在宋代以前城市布局为"里坊制"，如唐长安城被分成了108个坊（图7-28）。整个城市被分成了大小不一的若干个里坊以方便管理，坊与坊之间和里坊与城市之间通过围墙进行分割，里坊围墙的存在将坊内生活与城市生活割裂开来，两者以相互独立的方式存在[①]。正是由于传统因素的引导，我国住宅在私密性方面尤为注重，而围墙这一要素的普遍应用，保证了住宅在城市层面界面统一的情况下，内部能够营造更为多变的环境。

独立式住宅环境设计的范围集中在住宅的院落中，如北方的四合院与南方的碉楼等，此处为使用者的室外活动区域，与此相关的生活行为在此发生。按照社交活动的不同，环境设计将院落空间分为相对开放与相对私密的，并且存在多重递进的关系，即多进院落的私密性逐步增强，如北京四合院就采用了较为分明的院落归属（图7-29），具有相对独立的内院和外院。

独立式住宅的环境设计与古典园林的环境设计均强调住宅内部的环境空间设计，而不涉及与外部城市空间的融合，均采用围墙作为隔绝外部空间的元素。设计的重心放置在为使用者营造适宜的环境，但是由于使用者的客观背景条件的不同，作为普通住宅的独立式住宅在环境设计上所花费的功力和所呈现的成果自然无法与顶级住宅——古典园林相提并论，后者承载着更加多样的住居活动。

3）第四代住宅的环境设计

第四代住宅是目前住宅设计理论发展的最新方向，是相对于第一代住宅（茅草房）、第二代住宅（砖瓦房）和第三代住宅（电梯房）而独立存在住宅形式——庭院房。其具体形制为在高层建筑中营造宜居的居住环境（图7-30），即每层都有公共院落，每户都有私家庭院，可种花种菜遛鸟养狗，可将车辆开到空中家门口，建筑外墙长满植物。[②]

图7-28 唐长安城里坊制

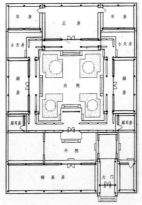

图7-29 北京四合院院落布置

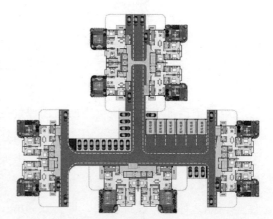

图7-30 第四代住宅平面示意图

① 郑国，李书峰. 唐宋里坊制演变及其对当前的启示——国家与社会关系的视角 [J]. 城市发展研究，2017，24（3）：84-88.

② 吴懿. 第四代住宅室内设计改造的全生命周期户型初探 [J]. 艺术科技，2017，30（2）：307.

第四代住宅的环境设计强调公共环境空间与私密环境空间的兼备，其环境设计不仅能够提供与独立式住宅相似的私密院落空间，还能够营造邻里之间公共交流空间。使得住户既能够享受私密独立的居家环境，又能够得到与邻里之间沟通交流的机会。

在私密环境空间方面，第四代住宅虽然属于高层集合式住宅的范畴，但是能够为每户提供独立的绝对私密的内庭院，其中按照独立式住宅的环境设计手法进行空间设计与布置，营造绿色的内庭院环境，上述处理手法使得住户感受不到集合式住宅的拥挤不堪，所带来的感官体验与位于地面高度的低层独立式住宅无异。

在公共环境空间的设计方面，在居住区公共空间与住宅户内空间之间加入了"楼层公共空间"这一层级，将原本只有基本通行功能的电梯厅和走道进行功能扩展和尺度放大，在空间尺度上为使用者之间的沟通和交流创造机会。环境设计手法上面，楼层公共空间设置了绿植、小品等元素，甚至将机动车通过升降梯停放至楼层公共空间。在感官方面，位于空中的楼层公共空间与位于地面的小区公共空间没有差异，给使用者一种在地面高度而非高空中的错觉。因此，楼层公共空间的出现显著提升了环境设计的空间体验。

第四代住宅的环境设计在理论方面进行了一定程度的探索，但是没有与之相对应的实例证实工作。究其根本，该种设计方式是以高层建筑作为依托的，虽然后者是目前我国的住宅发展的"无奈"现状，但是与高层建筑相配套的第四代住宅的环境设计真正实施起来将面临巨大的阻力，其中诸多问题是无法解决的。因此在该阶段的探索也只是停留在探索阶段。

2. 理想中的住宅环境类型及中西方住宅环境设计的对比

人类社会的发展是一个螺旋上升、循序渐进的过程，在科学发展和工程技术方面，新的内容会一直推翻老旧的东西，但是在与使用密切相关的设计方面，往往会呈现出一直对于"经典"的回归。我国住宅环境的发展时间长、变化大，其演变进程始终与本国的经济和社会的发展相伴相随，这其中以独栋的住宅为承载基础的独立式住宅环境设计所延续的时间最久远。经过了住宅高度不断向上攀升的过程，人类的终极居住梦想仍然是具备美好环境（内向环境、外部环境）的独立住宅，具有诸多方面的优势，是能够伴随着人一生的进程。而与之相对应的是，西方社会对于独立式住宅的热爱仍然持续着，在经济条件允许的情况下，与其他住户在空间和产权上完全分开的独立式住宅依然是不二之选。

虽然中西方在理想住宅方面的选择是一致的，但是二者对于环境方面的偏好却有着较大的差异，在表征方面表现出一个向内与一个向外的特征。如中国古代独立式住宅的典型——四合院，其环境设计的中心是内部庭院，由于院墙的存在，所有的视觉延伸均是向内的，环境设计集中在住宅的内部，是融入住宅的内部的。而西方同一时期的独立式住宅——圆厅别墅，其环境设计与住宅本体之间完全脱开，环境设计的中心是住宅本身，所有的环境都是作为后者的背景出现的（图7-31）。

在当今人均用地紧张的情况下，中国传统的内向型住宅的环境设计更加具备可操作性，该种方式符合当前中国发展的现状，能够在有限的用地限制下通过院墙的分割，将密集居住对户与户之间的影响降到最小，同时在住宅本体达到"独立"的情况下，环境设计方面也能达到相互独立的水平。

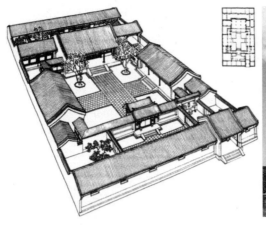

图7-31 中西方独立式住宅环境对比

3．装配式住宅环境设计的现状

当前的装配式住宅在环境设计方面与普通的住宅环境设计并没有本质的区分，在环境设计理念和手法等方面两者没有实质性的区别，从表观层面看不到明显的不同。本身在环境设计方面，考虑到当前社会的工业化配套方面较为完善，存在着诸多从事景观构件生产和苗木生产的专门企业，其所提供的相关景观产品在保证质优价廉的情况下能够大量供给（图7-32），因此在可能的情况下，环境设计会尽量考虑外购产品直接安装到位。并且景观构件的外观尺寸普遍不会太大，因此能够经过简单的拆分后，符合道路运输尺寸的限制，采用成熟的公路运输方式进行快速转运。而且相较之建筑普遍的50年使用寿命，环境景观方面的设计使用年限会大幅度低于前者，并且呈现出不同部分具有不同使用年限的特点，因此在环境空间的使用过程中，会频繁地出现环境构件拆装的情况发生。综上所述，在环境设计中就需要更多地采用装配式方法进行设计。

图7-32 装配式环境构件

由于装配式住宅在建筑方面采用了装配式的思想进行设计，因此在环境设计方面，自然而然地具有一定的优势，这集中体现在原本需要在现场采用手工方式进行建造的环境配套用房和景观小品，在装配式住宅中具有进行装配式建造的条件。首先，这是因为如果单纯地用于配套用房和景观小品，其生产基数较少，构件生产厂家普遍不愿意承担小基数的生产任务。其次，装配式构件产品的安装需要专业团队进行施工，建筑安装和环境安装可以使用同一队伍，而环境部分的装配式构件安装则有可能在找寻施工团队方面遇到困难和阻力。

二、装配式住宅环境设计的发展方向

随着装配式技术的发展和应用，装配式住宅环境设计将继续在建筑工业化的方向进行发展，并且伴随着我国建筑业可用劳动力人口的锐减和人民对于居住环境空间需求而持续提升，上述两者的矛盾对立关系将会在未来很长一段时间内与我国建筑业相伴相随。而为了调和上述矛盾，装配式住宅环境设计将沿着下述关键点进行发展和革新，并最终与其他部分的设计内容一起协同，整合成为装配式住宅设计的导则、理论和方法。

1．协同设计（整体式设计）

在设计影响范围方面，装配式住宅环境设计与当前的传统环境设计根本不同，前者将与装配式住宅建筑设计、室内设计等方面一同进行整合，而不是传统环境设计中的与建筑和室内设计相混淆，三者相互孤立的状态。

协同设计具体体现在设计风格、设计方法和设计思路等方面。如环境设计的理念和风格需要与建筑、室内设计协调或者一致；在用户体验方面，给使用者感官方面相一致的反馈。在技术选用和生产建造管理方面，环境设计方面的构件生产、转运、就位和装配需要与其他部分的构件进行统筹协调，在保证一致性的基础上提高效率和工程质量。

2．耐久性匹配在环境设计中的应用

物质产品均具有特定的寿命，作为服务于人类、为其提供居住场所的装配式住宅自然也具有明确的寿命特征。耐久性作为衡量建筑的重要指标，目前正受到越来越多的关注，决定装配式住宅耐久性的制约因素由组成装配式住宅的各种纷繁错杂的构件的耐久性所控制，因此对构件的耐久性进行有效管理，在装配式住宅环境设计方面需要对以下几方面进行重点控制。

（1）在设计中对构件的耐久性提出更高的要求，在设计阶段为后续的耐久性保证方面打下良好的基础，即对于单个构件来讲，提高其个体的耐久性指标，降低装配式住宅环境部分在未来的使用过程中损坏发生的概率。

（2）合理地设定构件的耐久性级配。任何构件都是会发生损坏的，而构件的耐久性属性必然不同，因此构件更换的工作会贯穿于装配式住宅环境部分的使用全过程。构件的更换工作涉及拆除和再次安装两个过程，构件的装配具有一定的层级关系，拆装某一构件有可能牵扯到其他构件的拆装。因此从内到外的构件耐久度级配应该设置成逐级递减的状态，并且最好成倍数关系。

（3）相较之建筑构件和室内构件，环境构件的耐久度跨度更大，从古典园林中的假山构件的数百年，到灌木构件的一年或数年，如此大的构件耐久性跨度，对装配式住宅的环境设计提出了更高的耐久性要求。

**本章
小结**

　　装配式住宅不光有着住宅本体和室内部分，其环境设计也是贯穿着装配式的思想进行构建，这一点有可能出乎读者的意料。本章以上述内容作为线索，分析了从古至今的东西方在环境设计方面的异同，指出了当前社会背景下装配式住宅环境设计的发展方向。

工业化装配式住宅的
使用、维修技术及其应用

按照我国的建筑设计规范的界定，普通民用建筑的使用寿命为50年，但是考虑到结构的安全性和耐久性，作为当前使用最为广泛的钢筋混凝土结构和砖混结构建筑的实际使用寿命远不止50年，因此经过妥善的检修和监测，主体结构的寿命实际普遍可达百年。并且在前期的结构设计过程中，为了保证足够的安全储备，材料的实际结构强度要进行一定程度的折减后才能直接参与到结构计算中来，因此建筑物的真实结构强度要优于理论上的结构计算强度。而作为人们日常使用的住宅，其所承载的功能较为单一，常规使用中不会遇到高负载的情况，主体结构构件在生命周期内也几乎不会遇到与腐蚀性和放射性物质进行接触的机会，因此就使用过程本身来讲不会加速结构材料的劣化，在正常的使用工况下，结构构件的实际使用寿命应当远大于设计使用寿命。

因此，建筑师应该把装配式住宅看作产品，把装配式建筑设计过程看作产品研发过程，在设计初期，就综合考虑客户需求，并将后续的生产和施工过程的因素纳入设计，以保证建筑构件在制造、生产、装配的整个建造过程中合理和有序地进行。在这种模式下，建筑构件具备了产品属性，继而建筑也具备产品属性。客户能够像对待典型工业产品一样挑选、使用、保养、维护和回收建筑构件甚至建筑。可是中国现阶段的住宅可以做到正常"退休"的少之又少，几乎每个城市均有建成不足20年就拆除的住宅。究其原因，主要有两点：①城市规划方面缺乏前瞻性，导致住宅的使用功能不能满足日益增长的功能需求；②长时间的使用造成了住宅的损坏，而传统的住宅设计缺乏对维修方面的考虑，导致房子坏了修不好。而在构筑环境友好型城市这一大环境的推动下，对建筑业来讲，最大的环保就是不拆，让每套住宅均能做到"寿终正寝"，这就要求住宅具有"功能可变性"和"损坏可修行"。上述两条分别从宏观与微观层面保证了住宅的可持续性，二者互为辩证共生关系，装配式住宅的使用和维修技术是满足住宅具有空间功能可变性的基础，是使得组成住宅的建筑构件在全生命周期能够实现绿色利用的重要方面。本章着重从下述3点进行阐述：①装配式住宅维修的内容和技术组成；②装配式住宅维修方法；③装配式住宅使用手册。

第一节
维修的内容和技术组成

一、装配式住宅维修的内容

在现实中，住宅作为一个不可分割的整体是无法直接进行有序的维修的，只有将其分解成为各自独立的构件后才能够实现单独维修住宅损坏的部分，而不去破坏没有损坏的部分。因此，实现住宅的方便维修的前提条件是构件的独立，这就需要以构件法建筑设计作为住宅维修技术的底层设计基础，将各项先进技术的应用首先应在设计中集成优化，包括装配式住宅维修技术。构件法还需要相应的构件装配方法配合才能奠定装配式住宅维修实现易维修目标的基础。

基于构件法建筑设计的构件分类方法是按照分级装配的思想，装配式住宅维修的内容包括：结构体、围护体、装修体和设备体这四大部分。其中，结构体部分由竖向构件和横向构件等组成；围护体部分由外围护构件和内分隔构件等组成；装修体由顶棚、地面铺装、家具和陈设等组成；设备体由水系统、性能调节、电系统、集成式卫生间、集成式厨房、预制管道井和预制排烟道等组成。

除图8-1所示的构件外，还可能包括环境体，例如各种造景的预制构件。

二、装配式住宅维修的技术组成

装配式住宅维修的技术组成：基础资料调查技术、完损情况评价技术、勘察记录技术、维修设计技术、施工技术。

（1）基础资料调查技术：住宅用地的地形图、BIM信息、装配图、房屋使用情况资料、历史勘察记录、历年修缮资料、城市规划管理要求、市政设施情况。

（2）完损情况评价技术：动用观测、鉴别、测试等手段，明确损坏程度，分析损坏原因，研究不同的修缮标准和修缮方法，确定方案。结构构件与其他构件的检测方法不同，必须要进行检测和鉴定。

（3）勘察记录技术：应用BIM技术添加住宅的维修部位、项目、数量、修缮方法等。

（4）维修设计技术：构件法建筑设计简化了传统的建筑维修设计工作。基于BIM信息系统，构件信息涵盖了构件的空间信息、修缮要求、修缮标准和方法、结构处理的技术要求、查勘记录、构件更换或维修方法、工程概预算等。构件全生命周期的信息得以动态记录、准确记录，并且便于调用。

（5）施工技术：装配式住宅的房屋构件可实行基于产品法的售后维修系统，施工技术由专业的产业工人实施。具体的技术与装备结合并最终反馈到BIM。

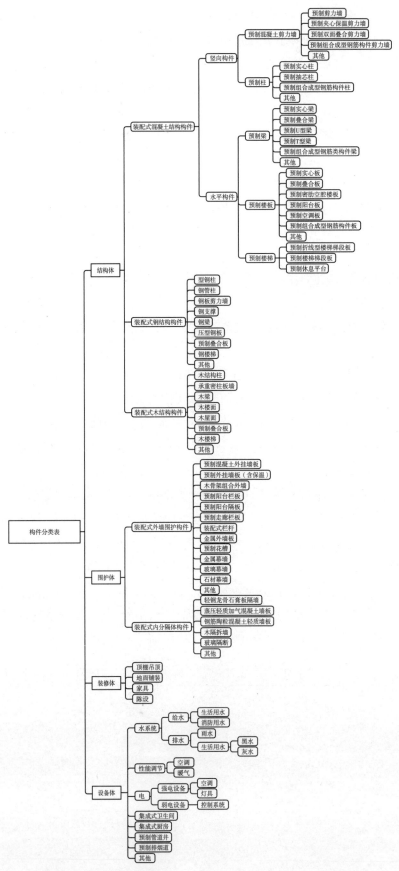

图8-1 装配式住宅维修的内容构成

维修方法

装配式住宅维修方法见表8-1。

装配式住宅维修方法

表8-1

构件分类		设计使用寿命	维修方法	特点
结构体	装配式混凝土结构构件	50年	基础资料调查→完损情况评价→勘察记录→维修设计→施工： 1. 问题构件加固：构件定位（含临时支撑加固）、钢筋定位、混凝土定型。 2. 问题构件替换：构件定位（含临时支撑加固）、问题构件拆除、新构件组合连接	工程法、产品法并用。 需要大中型装备、专业技术工人配合
	装配式钢结构结构构件	50年	基础资料调查→完损情况评价→勘察记录→维修设计→施工： 1. 问题构件加固：构件定位（含临时支撑加固）、问题构件修复。 2. 问题构件替换：构件定位（含临时支撑加固）、问题构件拆除、新构件组合连接	
	装配式木结构结构构件	50年	基础资料调查→完损情况评价→勘察记录→维修设计→施工： 1. 问题构件加固：构件定位（含临时支撑加固）、问题构件修复。 2. 问题构件替换：构件定位（含临时支撑加固）、问题构件拆除、新构件组合连接	
维护体	装配式外墙维护构件	50年	基础资料调查→完损情况评价→勘察记录→维修设计→施工： 1. 问题构件加固：构件定位（含临时支撑加固）、问题构件修复。 2. 问题构件替换：构件定位（含临时支撑加固）、问题构件拆除、新构件组合连接	
	装配式内分隔体构件		纳入装修企业售后服务。 1. 问题构件加固：构件定位（含临时支撑加固）、问题构件修复。 2. 问题构件替换：构件定位（含临时支撑加固）、问题构件拆除、新构件组合连接。 3. 问题构件拆除：构件定位（含临时支撑加固）、问题构件拆除	工程法、产品法并用。 纳入《住宅室内装饰装修管理办法》（中华人民共和国建设部令第110号）管理
装修体	顶棚、吊顶		纳入装修企业售后服务。 1. 问题构件加固：构件定位（含临时支撑加固）、问题构件修复。 2. 问题构件替换：构件定位（含临时支撑加固）、问题构件拆除、新构件组合连接。 3. 问题构件拆除：构件定位（含临时支撑加固）、问题构件拆除	
	地面铺装		纳入装修企业售后服务。 1. 问题构件修复：清理、问题构件修复。 2. 问题构件替换：问题构件拆除、新构件组合连接。 3. 问题构件拆除：问题构件拆除	
	家具陈设		纳入产品生产厂家售后服务。 一般流程：用户向厂家售后部门报修→厂家回应解决	
设备体	集成式卫生间		纳入产品生产厂家售后服务。 一般流程：用户向厂家售后部门报修→厂家回应解决	产品法
	集成式厨房			

构件分类		设计使用寿命	维修方法	特点
设备体	预制管道井		纳入产品生产厂家售后服务。 基础资料调查→完损情况评价→勘察记录→维修设计→施工： 1. 问题构件加固：构件定位（含临时支撑加固）、问题构件修复。 2. 问题构件替换：构件定位（含临时支撑加固）、问题构件拆除、新构件组合连接	工程法、产品法并用
	预制排烟道		纳入产品生产厂家售后服务。 基础资料调查→完损情况评价→勘察记录→维修设计→施工： 1. 问题构件加固：构件定位（含临时支撑加固）、问题构件修复。 2. 问题构件替换：构件定位（含临时支撑加固）、问题构件拆除、新构件组合连接	
	水系统		纳入产品生产厂家售后服务	
	强、弱电系统		纳入产品生产厂家售后服务	
	燃气系统		专业燃气企业维修服务	
	供暖系统		纳入产品生产厂家售后服务	
	性能调节-空调、小型空气净化器等		将独立小个体产品纳入产品生产厂家售后服务。一般流程：用户向厂家售后部门报修→厂家回应解决	产品法
环境体	园林小品种植架等		纳入产品生产厂家售后服务。 一般流程：用户向厂家售后部门报修→厂家回应解决	

第三节
装配式住宅使用手册

《装配式住宅使用手册》是由装配式住宅出售单位在交付住宅时提供给用户的，告知住宅安全、合理、方便使用及相关事项的文本。住宅使用说明书应当载明房屋平面布局、结构、附属设备、配套设施、详细的结构图（注明承重结构的位置）和不能占有、损坏、移装的住宅共有部位、共用设备以及住宅使用规定和禁止行为，并对住宅的结构、性能和各部位（部件）的类型、性能、标准等作出说明，并提出使用注意事项。

《装配式住宅使用手册》的形式应以BIM模型和相应说明共同构成。具体内容见表8-2。

《装配式住宅使用手册》的内容构成　表8-2

序号	内容
1	欢迎页面：致欢迎词和简要说明使用手册对用户的作用。 责任单位说明：开发单位、设计单位、施工单位，委托监理的应注明监理单位。 版权说明：对版权归属和复制拷贝权利说明。 符号说明：说明使用手册中出现的符号的作用
2	目录
3	概述
	结构类型
	平立剖图 上水、下水、电、燃气、热力、通信、消防等设施配置的说明 有关设备、设施安装预留位置的说明和安装注意事项
	建筑信息模型的作用
4	装修、装饰注意事项
5	使用
	承重墙、保温墙、防水层、阳台等部位注意事项的说明
	门、窗类型，使用注意事项
	配电负荷
	保持舒适的室内气候
6	保养
	保养系统
	日常养护
7	回收
8	配置的设备、设施的使用说明书

第四节
案例分析：装配式住宅使用手册案例——以梦想居未来屋项目为例

梦想居未来屋住宅使用手册

恭喜您选择了××××产品（图8-2）。

您对您的住宅越熟悉，就会发现使用越方便。因此我们请您在使用您的新住宅之前，仔细阅

图8-2 住宅鸟瞰图

读本用户手册内为您总结的信息。您能得到有关住宅使用的重要提示，从而使您充分利用本住宅的技术优点。此外，您将得到有关保养的信息，这些信息对住宅使用的安全性以及住宅的保值非常有用。

衷心祝愿您生活愉快！

×××公司

没有×××公司的书面授权，任何人不得再版、复制及摘录

目录

一、综述

二、装修、装饰注意事项

三、使用

四、保养

五、回收

六、配置的设备、设施的使用说明书

一、综述

1. 结构类型：轻型钢结构。

2. 总平面图（图8-3）。

3. 一层平面图（图8-4）。

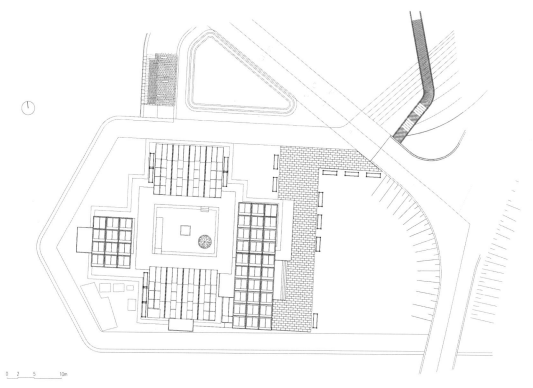

0 2 5   10m

图8-3 总平面图

房间名称	功能	建筑面积 （平方米）	常住人 数（个）
A1	青年居住单元	36	3
A2	老年居住单元	72	4
A3	青年居住单元	36	3
A4	展览教学单元	72	
A5	围廊	104	
总建筑面积		320	

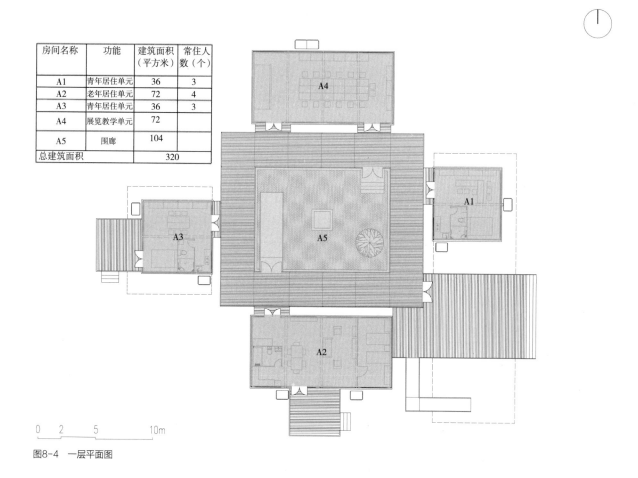

0   2   5   10m

图8-4 一层平面图

4．建筑信息模型的作用

BIM（Building Information Modeling，建筑信息模型）是利用数字信息模型对项目从虚拟到实际进行全过程信息化管理，它能提供的丰富的、准确的、空间具体化的信息。您可以通过本项目的BIM深度了解自己的住宅，相信这会是一个有趣的探索。另外，更重要的是BIM承载了本住宅建造前后的重要信息，这对于住宅将来可能遇到的保养、回收事宜是非常重要的信息记录媒介。BIM的使用不需要您来亲自操作，请在需要保养、回收时提交给专业人员即可。另外，请注意，住宅的信息属于您的个人隐私的一部分，请妥善保管。

二、装修、装饰注意事项

本品为一体化交付的精装修房屋系统，各个系统之间存在一定程度的耦合关系，不当的操作有可能造成住宅产品的损坏，甚至造成人身伤害事件的发生。因此，用户在进行再次装修和装饰之前，请务必先打电话（×××-×××××××××）进行咨询。我方会提供相应的技术咨询服务工作，对于未经本方授权的改造活动所造成的人身伤害和财产损失，我方将免除赔偿责任。

三、使用

本住宅产品在使用方面由能源系统、暖通系统和给水排水系统组成，上述三大系统由智能化家居系统进行统一集成化管理（图8-5）。本部分仅为针对各个系统的宏观性的功能介绍，如若了解各系统的详细技术参数，请参照各具体生产厂家的产品说明书。

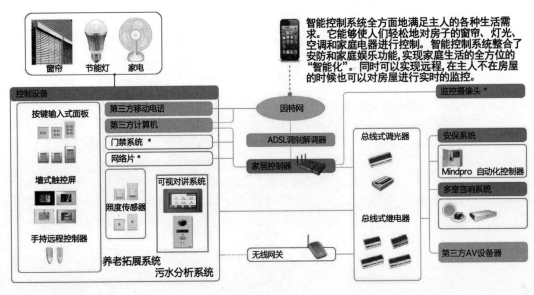

图8-5 智能家具系统

1. 能源系统

供电方式：采用非微晶硅基双结叠层太阳能光伏板，年发电量31000kW·h（表8-3）。

项目能耗情况

表8-3

月份	月照明耗电量（kW·h）	月设备用电（kW·h）	月采暖耗电（kW·h）	月制冷耗电（kW·h）	月耗电量（kW·h）	月发电量（kW·h）（126块光电板）	供需关系
1	336.288	430.485	753.2804	0	1520.053	1848.819	328.7651
2	303.744	388.98	543.1475	0	1235.871	1694.258	458.3861
3	336.288	430.485	282.7656	0	1049.539	2863.985	1814.447
4	325.44	416.85	0	0	742.29	2774.218	2031.928
5	336.288	430.485	0	0	766.773	3179.688	2412.915
6	325.44	416.85	0	395.546	1137.836	3176.631	2038.795
7	336.288	429.885	0	855.034	1621.207	3259.664	1638.457
8	336.288	431.085	0	784.2568	1551.63	3326.151	1774.522
9	325.44	416.85	0	272.9196	1015.21	2700.316	1685.106
10	336.288	430.485	0	0	766.773	2498.047	1731.274
11	325.44	415.65	203.0877	0	944.1777	2101.501	1157.323
12	336.288	430.485	555.7769	0	1322.55	1859.008	536.4582
合计					13673.91	31282.29	17608.38

除了采用光电方式获得能源，本住宅系统还自带健身设施能够辅助发电，在娱乐健身中获得少量的能源（图8-6、图8-7）。

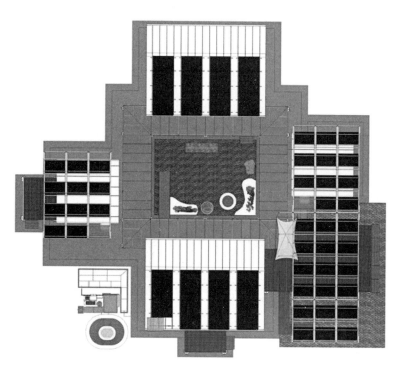

图8-6　太阳能光电光热板布置情况

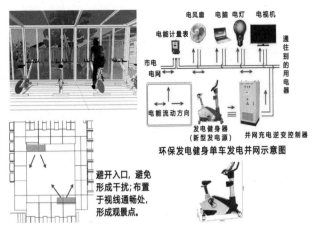

环保发电健身单车发电并网示意图

避开入口，避免形成干扰；布置于视线通畅处，形成观景点。

图8-7　庭院健身设施

2．暖通系统（图8-8）

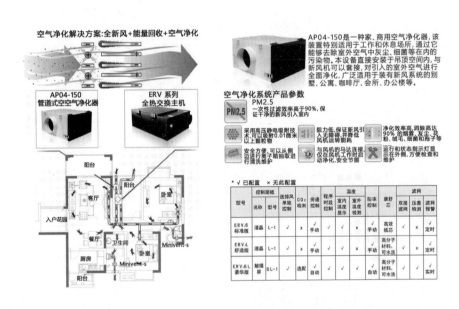

图8-8　全屋空气净化解决方案

3．给水排水系统

1）供水（图8-9）

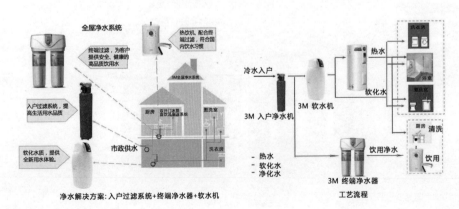

净水解决方案：入户过滤系统+终端净水器+软水机

工艺流程

图8-9　全屋净水解决方案

2）污水处理

采用小型分散式生物生态污水处理系统，处理后达到一级A排放标准（图8-10、图8-11）。污水处理系统详见产品提供厂家的企业说明书。

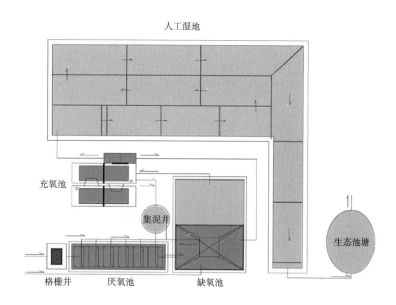

图8-10 污水处理系统平面布置图

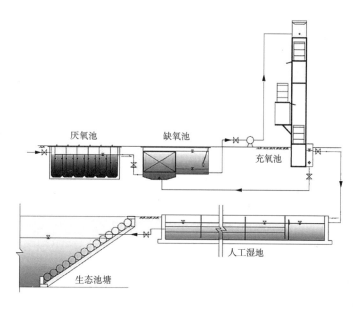

图8-11 污水处理系统平面纵面布置图

四、保养

1. 保养系统

住宅保养系统用于保障住宅使用的安全性、舒适性。

如果有一天您要出售您的住宅，完美无缺的保养一定会成为一个优势。

2．保养记录系统

所进行的保养工作必须在基于BIM的保养记录系统上确认。这些记录可以证明您的住宅进行了定期的保养。

3．日常养护

另见保养提示手册。

五、回收

住宅的回收可以有两种方式：整体回收、构件回收。

回收流程的开始：请联系具有回收业务的单位，他们会给您完整且详细的咨询。您需要提前准备的文件有：房屋的保养记录、系统记录。

六、配置的设备、设施的使用说明书

内容详见各说明书分册。

本章小结

　　本章对于装配式住宅的使用和维修进行了技术上的阐述和管理内容上的界定，并且规定了在住宅的使用过程中安全和规范的操作手段，上述内容的得出是将住宅作为一种工业化生产的产品进行对待，只有秉承着该种思想，才能够保证住宅的正常有序的使用。本章后半段以一个真实的装配式住宅为案例，为读者展示了标准的使用手册应当包括的内容和表现的形式。

图表来源

图3-1来源：https://www.pkpm.cn/uploadfile/2018/0321/20180321296359.pdf.

图3-2来源：https://www.pkpm.cn/uploadfile/2018/0321/20180321296359.pdf.

图3-3来源：https://www.pkpm.cn/uploadfile/2018/0321/20180321296359.pdf.

图3-4、图3-38～图3-50、表3-6～表3-7来源：南京长江都市建筑设计院吴敦军提供.

图3-5来源：http://www. sohu. com/a/201564522_99915872.

图3-7来源：深圳市协鹏建筑与工程设计有限公司董善白提供.

图3-8～图3-13来源：张宏，朱宏宇，吴京，等. 构件成型·定位·连接与空间和形式生成——新型建筑工业化设计与建造示例[M]. 南京：东南大学出版社，2016.

图3-14来源：天津建科机械网站http://www.Jinanjianke.com/.

图3-15～图3-19、图3-22、图3-24～图3-25来源：预制建筑网 http://www.precast.com.cn.

图3-20来源：罗申拍摄.

图3-23来源：南京长江都市建筑设计院吴敦军提供.

图3-29～图3-31来源：何敏娟，罗文浩. 轻木-混凝土上下组合结构及其关键技术[J]. 现代木建筑，2015（3）.

图3-58～图3-75来源：中国建筑标准设计研究院总师，绿地百年住宅示范项目研发设计总负责人刘卫东提供，部分资料来源于日本UR都市机构KSI手册.

表3-1来源：张莹绘制.

表3-2来源：天津建科机械网站http：//www.jinanjianke.com/.

图4-1、图4-2、图4-4来源：席晖. 多高层钢结构住宅设计研究[D]. 河北工业大学，2006.

图4-3、图4-5～图4-7来源：http：//www.baidu.com.

图4-8来源：杨维菊. 建筑构造设计[M]. 北京：中国建筑工业出版社，2005.

图4-9、图4-13～图4-15来源：金虹. 建筑构造[M]. 北京：清华大学出版社，2005.

图4-10来源：http://www.yinhegg.com.

图4-12 来源：http://www.dglrgjg.com.

图4-16、图4-17、图4-21～图4-29来源：张宏，张莹莹，王玉，等. 绿色节能技术协同应用模式实践探索——以东南大学"梦想居"未来屋示范项目为例[J]. 建筑学报，2016（5）：81-85.

图4-18来源：http://esf.jn.fang.com.

图4-19、图4-20来源：郭奇，孙翠鹏. 中国住宅产业的发展趋势：济南艾菲尔花园钢结构住宅小区[J]. 建筑创作，2006（11）：98-103.

图4-30来源：http://www.hxss.com.cn/.

图4-31来源：http://www.huanqiu.com.

图4-32来源：http://www.hnzfh.com.

图4-33、图4-34来源：http://www.sohu.com.

图4-35～图4-42来源：东南大学土木工程院舒赣平教授团队提供.

图4-43～图4-55来源：中南置地、江苏中南建筑产业集团有限责任公司提供.

表5-3、图5-4、图5-7～图5-8、图5-17来源：苏州昆仑绿建提供.

图5-1（b）来源：https://baike.baidu.com.

图5-2来源：http://blog.sina.com.cn/u/6368122755.

图5-3来源：聂圣哲. 美制木结构住宅导论[M]. 北京：科学出版社，2011.

图5-5、图5-6来源：加拿大卑诗省林业发展投资处提供.

图5-9～图5-13来源：大连双华永欣木业有限公司提供.

图5-14、图5-15来源：上海中天绿色建筑科技有限公司提供.

图5-18~图5-26来源：上海中天绿色建筑科技有限公司提供.

图5-27~图5-31来源：大连双华永欣木业有限公司提供.

图5-32~图5-45来源：加拿大木业（Canada Wood）提供.

图6-1、图6-2、图6-5、图6-6来源：姚刚绘制.

图6-3、图6-4、图6-7来源：南京尚阳谷建筑科技有限公司提供.

表7-3来源：科居美苑（KOJO ART DESIGN）提供.

图7-1来源：尹红力，姜延达，施燕冬. 内装工业化对日本住宅设计流程的影响——与中国住宅设计现状对比[J].
建筑学报，2014（7）：30.

图7-2~图7-4来源：刘长春根据曹祎杰的汇报资料修改绘制.

图7-5来源：刘长春. 工业化住宅室内装修模块化研究[M]. 北京：中国建筑工业出版社，2016：134.

图7-6来源：Christinalyc. 中国华融大厦项目[EB/OL]. 2013-02-17. http://news.zhulong.com/read170822.htm.

图7-7来源：刘长春. 工业化住宅室内装修模块化研究[M]. 北京：中国建筑工业出版社，2016：135.

图7-8~图7-14来源：曹祎杰. 日本住宅内装工业化建设发展与现状[C]//广州：家居互联网产业峰会，2016.

图7-25、图7-26来源：中国美院风景建筑设计研究总院有限公司建筑集成中心提供.

本书其他图表均由张宏教授团队自绘。

参考文献

[1] 曹杨. 建筑工业化中的生产和安装设备发展现状[C]//中国建筑学会建筑施工分会. 2015全国施工机械化年会论文集[C]. 2015：209-212.

[2] 曹祎杰. 工业化内装卫浴核心解决方案——好适特整体卫浴在实践中的应用[J]. 建筑学报，2014（7）.

[3] 曹祎杰. 日本住宅内装工业化建设发展与现状[C]//广州：家居互联网产业峰会. 2016.

[4] 曾凝霜，刘琰，徐波. 基于BIM的智慧工地管理体系框架研究[J]. 施工技术，2015（10）.

[5] 曾旭东，谭洁. 基于参数化智能技术的建筑信息模型[J]. 重庆大学学报（自然科学版），2006，29（6）.

[6] 陈家珑，高淑娴，鲁铁兵. 竹模板施工应用研究特性[J]. 施工技术，1999（3）.

[7] 陈乐琦. 预制梁板现浇柱装配式框架结构节点试验研究[D]. 南京：东南大学，2014.

[8] 陈禄如. 钢结构住宅建筑将成为我国住宅的重要组成部分[J]. 中国特殊钢市场指南，2002（6）.

[9] 陈青山. 高层住宅施工中爬模技术的应用[J]. 住宅科技，2012（5）.

[10] 陈树林. 钢木混合模板的优缺点分析[J]. 黑龙江科技信息，2010（16）.

[11] 陈志勇，陈松来，樊承谋，等. 木结构钉连接研究进展[J]. 结构工程师，2009，25（4）.

[12] 淳庆，张宏，朱宏宇. 钢网构架混凝土复合结构住宅体系的关键技术研究综述[J]. 工业建筑，2010（S1）.

[13] 戴春来. 参数化设计理论的研究[D]. 南京：南京航空航天大学，2002.

[14] 付红梅，王志强. 正交胶合木应用及发展前景[J]. 林业机械与木工设备，2014，42（3）.

[15] 高本立，李世宏，李岗. 江苏省主要混凝土结构建筑工业化技术[J]. 墙材革新与建筑节能，2015（3）.

[16] 龚迎春，蔡芸，任海清. 我国木结构产业发展机遇与挑战[J]. 林产工业，2016，43（7）.

[17] 郭晋生，陈建明，董新华. 我国城市住宅维修改造的历史与现状[J]. 城市建筑，2008（1）.

[18] 郭奇，孙翠鹏. 中国住宅产业的发展趋势：济南艾菲尔花园钢结构住宅小区[J]. 建筑创作，2006（11）.

[19] 郭伟，费本华，陈恩灵，等. 我国木结构建筑行业发展现状分析[J]. 木材工业，2009，23（2）.

[20] 郭莹洁，任海清. 结构用胶合木生产工艺研究进展[J]. 世界林业研究，2011，24（6）.

[21] 何敏娟，罗文浩. 轻木-混凝土上下组合结构及其关键技术[J]. 建设科技，2015（3）.

[22] 胡铁敏，尉彤华，徐少华，等. 型钢混凝土梁柱刚性节点构造[J]. 浙江建筑，2007（7）.

[23] 姜卫杰. 建筑施工学习指导[M]. 武汉：武汉工业大学出版社，2000.

[24] 蒋博雅，张宏. 工业化住宅系统的WBS体系[J]. 建筑技术，2015（3）.

[25] 蒋博雅，张宏. 新型轻型铝合金活动房吊装施工组织研究[J]. 建筑技术，2015（6）.

[26] 蒋竞进，涂晓. 现场游牧式PC构件厂的建设及应用[J]. 施工技术，2016（10）.

[27] 金虹. 建筑构造[M]. 北京：清华大学出版社，2005.

[28] 金磊. 住宅工程的可维修性评价[J]. 住宅科技，1990（3）.

[29] 李建平. 爬升模板施工技术[J]. 城市建设理论研究，2013（11）.

[30] 李志. 北京翼龙达商贸有限公司易德筑新型模板支撑体系产品手册[R]. 2015.

[31] 刘聪，张宏，朱宏宇，等. 装配式绿色建筑设计——武进绿博园揽青斋项目建造示例[J]. 城市建筑，2017（5）.

[32] 刘东卫，刘若凡，顾芳. 国际开放建筑的工业化建造理论与装配式住宅设发展模研究[J]. 建筑技艺，2016（10）.

[33] 刘东卫. "什么是好房子"——全新的标准和价值观[J]. 建筑与文化，2014（5）.

[34] 刘琼，李向民，许清风. 预制装配式混凝土结构研究与应用现状[J]. 施工技术，2014（22）.

[35] 刘伟. 钢筋加工商品化势在必行[J]. 建筑机械化，2001（6）.

[36] 刘晓. 钢结构住宅体系分析[J]. 工程建设，2010（2）

[37] 刘长春，孙媛媛. 轻型木结构工业化住宅内装模块化研究及应用[J]. 施工技术，2016，45（4）.

[38] 刘长春，张宏，淳庆．基于SI体系的工业化住宅模数协调应用研究[J]．建筑科学，2011，27（7）．

[39] 刘长春．工业化住宅室内装修模块化研究[M]．北京：中国建筑工业出版社，2016.

[40] 龙玉峰，谌贻涛，赵晓龙．工业化技术在深圳市保障性住房中的应用研究[J]．建筑技艺，2014（6）．

[41] 罗向荣．钢筋混凝土结构[M]．北京：高等教育出版社，2004.

[42] 吕保林，马慧，朱红燕．常用模板的类型及工程应用特点[J]．商品与质量·建筑与发展，2014（2）．

[43] 吕文良．快易收口型网状模板[J]．施工技术，2003，32（2）．

[44] 梅阳．钢结构住宅体系的模式研究[D]．北京：北京建筑工程学院，2006.

[45] 糜嘉平．我国木胶合板模板的发展及存在问题[J]．中国人造板，2010（5）．

[46] 潘翔．钢结构装配住宅——墙板体系及相关技术研究[D]．上海：同济大学，2006.

[47] 彭虹毅，胡夏闽．木–混凝土组合梁概述[J]．江苏建筑，2010（3）．

[48] 邱建平．木结构与混凝土组合在仿古建筑中的应用探讨[J]．江西建材，2015（21）．

[49] 沈可及．住宅维修改造的现状与出路研究[J]．中国住宅设施，2011（11）．

[50] 施凯凯．预制装配式混凝土结构节点连接性能分析[J]．城市建设理论研究，2015（29）．

[51] 苏超．装配式住宅在绿色建筑中的应用分析[J]．智能城市，2016（8）．

[52] 王巧华，姜佳，贡伟．塑钢模板在高层建筑中的运用研究[J]．建筑工程技术与设计，2015（28）．

[53] 王绍民．我国模板技术发展现状、存在问题与对策建议[C]//中国建筑学会施工术委员模板与脚手架专业委员会2012年会．2012.

[54] 王望珍．建筑结构主体工程施工技术[M]．北京：机械工业出版社：2004.

[55] 王晓鸣．住宅建筑的维修性与决策研究[J]．华中科技大学学报（城市科学版），2004（1）．

[56] 王永兵，张伟，王建功，等．木结构建筑组合墙体生产线设备的应用[J]．林业机械与木工设备，2012，40（10）．

[57] 王越．浅谈钢与混凝土组合结构设计[J]．山西建筑，2008（34）．

[58] 魏宏森，王伟．广义系统论的基本原理[J]．系统辩证学报，1993（1）．

[59] 吴敦军，汪杰，李宁．预制装配技术在高层建筑中的应用研究[J]．工程建设与设计，2012（7）．

[60] 席晖．多高层钢结构住宅设计研究[D]．天津：河北工业大学，2006.

[61] 肖晖，马翔宇，马翔．试论全预制装配式高层住宅楼的施工及质量控制[J]．建筑设计，2016（4）．

[62] 许泽瑶，代婧．预制装配整体式剪力墙结构系研究[J]．城市建设理论研究，2014（36）．

[63] 杨青，苏振民，金少军，等．IPD合同下的工程项目风险分配[J]．建筑，2015（11）．

[64] 叶海军，史鸣军．建筑模板的发展历程及前景[J]．山西建筑，2007（31）．

[65] 叶娟．预制装配式混凝土结构节点连接性能分析[J]．科技风，2015（15）．

[66] 叶明．工业化住宅技术体系研究[J]．住宅产业，2009（10）．

[67] 叶之皓．我国装配式钢结构住宅现状及对策研究[D]．南昌：南昌大学，2012.

[68] 尹红力，姜延达，施燕冬．内装工业化对日本住宅设计流程的影响——与中国住宅设计现状对比[J]．建筑学报，2014（7）．

[69] 尹宗军．高层钢结构住宅体系分析及其在实际工程中的应用[D]．合肥：合肥工业大学，2006.

[70] 于景元．钱学森综合集成体系[J]．西安交通大学报（社会科学版），26（80）．

[71] 于祥顺．试论模板工程在钢筋混凝土施工中合理应用[J]．科技与企业，2012（9）．

[72] 岳孔，程秀才，陆伟东，等．重型木结构在我国的应用和发展[J]．世界林业研究，2015，28（6）．

[73] 张博为．基于PCa装配式技术的保障房标准设计研究——以北方地区为例[D]．大连：大连理工大学，2013.

[74] 张宏，丛勐，张睿哲，等．一种预组装房屋系统的设计研发、改进与应用——建筑产品模式与新型建筑学构建[J]．新建筑，2017（2）．

[75] 张宏，张莹，王玉，等．绿色节能技术协同应用模式实践探索——以东南大学"梦想居"未来屋示范项目为例[J]．建筑学报，2016（5）．

[76] 张宏，朱宏宇，吴京，等．构件成型·定位·连接与空间和形式生成——新型建筑工业化设计与建造示例[M]．南京：东南大学出版社，2016.

[77] 张磊，潘宝凤. 日本住宅排水系统维护重于维修[J]. 城市住宅，2008（8）.

[78] 赵鹏程. 建筑工程中脚手架的使用探索[J]. 中国电子商务，2012（16）.

[79] 中国工程建设标准化协会，中国房地产业协会. 百年住宅建筑设计与评价标准：T/CECS–CREA 513–2018[S]. 北京：中国计划出版社，2018.

[80] 中华人民共和国住房和城乡建设部. 钢管混凝土结构技术规范：GB 50936—2014[S]. 北京：中国建筑工业出版社，2014.

[81] 中华人民共和国住房和城乡建设部. 工业化建筑评价标准：GB/T 51129—2015[S]. 北京：中国建筑工业出版社，2015.

[82] 中华人民共和国住房和城乡建设部. 建筑设计防火规范（2018年版）：GB 50016—2014[S]. 北京：中国计划出版社，2018.

[83] 中华人民共和国住房和城乡建设部. 装配式建筑评价标准：GB/T 51129—2017[S]. 北京：中国建筑工业出版社，2017.

[84] 仲继寿，李新军，胡文硕，等. 基于居住者体验的《健康住宅评价标准》[J]. 住区，2016（6）.

[85] 尤娜·张，金索·吉姆. 美国BIM应用案例浅析：BIM如何减少建筑能耗及实现数字化工厂[J]. 土木建筑工程信息技术，2015（3）.

后记

东南大学建筑学院张宏教授领衔的团队主要从事建筑设计与装配式建造、建筑工业化理论与实践、建筑信息模型（BIM）和城市信息模型（CIM）技术研发与应用、住居学研究、住宅设计和产品研发等方面的科研与教学。自2010年在东南大学建筑学院成立了建筑技术科学系以来，有效整合了大土木学科内各个相关专业方向，申请、参与并主持了多项新型建筑工业化领域的国家级和省部级科研项目。2017年又组建成立了东南大学建筑设计研究院有限公司建筑工业化工程设计研究院，初步形成学、研、产一体的教学、研究、研发、建造、BIM工程设计和管理团队。在这个过程中取得了丰硕的成果，培养了一批新型建筑学（Next Generation Architecture）人才。

作为专著的《工业化装配式住宅》一书即将在中国建筑工业出版社出版，该书是新型建筑工业化装配式建筑研究方向的阶段性成果。依托正在开展的新型低碳装配式建筑的智能化建造与设计理论的相关研究和实践，团队的装配式住宅研究成果整合进该书中，回应了"十四五"国家建设科技对新一代绿色智慧住宅研究和应用的需求。本书可作为建筑学、土木工程学、工程管理学、建筑材料学的科研、教学参考书，也可作为建筑设计、施工和构件生产企业科研团队的参考用书，以及建筑产业工人培训用书。该书具有较强的前瞻性、先进性、创新性和应用性，是一本能够有效地补充新型低碳装配式住宅智能化建造与设计方面的理论体系、知识构架和内容的参考书。

在此，感谢对该书的编著作出贡献的老师和学生，感谢对该书的出版给予帮助支持的单位和个人，感谢合作协同工业化装配式住宅研究和建造的团队和个人。有你们的贡献，此书才得以顺利出版。

东南大学建筑学院　张宏

2021年12月于容园